中国高等教育"十三五"规划教材

中文版 Rhino
产品建模高级教程

程驰　晏合敏　谢亨渊 / 主编

中国青年出版社
CHINA YOUTH PRESS　中青雄狮

图书在版编目（CIP）数据

中文版Rhino产品建模高级教程 / 程驰，晏合敏，谢亨渊主编.

— 北京: 中国青年出版社，2016.6

ISBN 978-7-5153-4083-8

I.①中… II.①程… ②晏… ③谢… III.①工业产品-计算机辅助设计-应用软件-教材 IV. ①TB472-39

中国版本图书馆CIP数据核字（2016）第065189号

中文版Rhino产品建模高级教程

程驰 晏合敏 谢亨渊 **主编**

出版发行：🐼 中国青年出版社

地 址：北京市东四十二条21号

邮政编码：100708

电 话：（010）50856188 / 50856199

传 真：（010）50856111

企 划：北京中青雄狮数码传媒科技有限公司

策划编辑：张 鹏

责任编辑：刘冰冰

封面设计：彭 涛 吴艳蜂

印 刷：湖南天闻新华印务有限公司

开 本：787×1092 1/16

印 张：16

版 次：2016年6月北京第1版

印 次：2018年8月第2次印刷

书 号：ISBN 978-7-5153-4083-8

定 价：49.90元（网盘下载内容含语音视频教学与案例素材文件及PPT课件）

本书如有印装质量等问题，请与本社联系 电话：（010）50856188 / 50856199

读者来信：reader@cypmedia.com

如有其他问题请访问我们的网站：http://www.cypmedia.com.cn

随着科技的飞速发展，三维建模的应用越来越普遍，在工业设计、建筑设计以及环境艺术设计等领域，均采用三维建模来实现效果图的制作。在众多三维建模软件中，有一款非常小巧精致的软件，那就是Rhino。Rhino是美国Robert McNeel & Assoc.开发的专业3D造型软件，它能整合3ds Max与Softimage的模型功能部分，制作出精细、复杂的3D NURBS模型，因此受到了广大用户的青睐。

现如今，国内大多数工业设计院校均开设了Rhino建模课程。但关于Rhino的专业教学书籍却相对较少，因此，我们组织一线设计师精心编写了本书。本书以Rhino 5.0为写作基础，以"理论+实例"的形式对绘图知识进行了全面的阐述，突出强调知识点的实际应用性。书中的每一个案例均给出了详细的操作步骤，同时还贯穿了作者在实际工作中总结出的心得与技巧。

全书共10章，其各章的主要内容介绍如下：

章 节	内 容
Chapter 01	主要介绍Rhino 5.0的基础知识，包括Rhino的特点、应用、工作界面、环境设置以及基本操作等
Chapter 02	主要介绍对象的操作，包括对象的移动、旋转、复制、阵列、镜像、缩放、修剪、分割等操作
Chapter 03	主要介绍图形的绘制，包括点、直线、曲线、圆、矩形等的绘制方法
Chapter 04	主要介绍曲面的创建，包括由点建面、由边建面、矩形平面、挤出曲面、放样曲面、旋转曲面等创建曲面的方法与技巧
Chapter 05	主要介绍曲面的编辑，包括曲面延伸、曲面圆角、曲面偏移、曲面斜角、曲面混接、曲面拼接、曲面重建，以及曲面的检测和分析等
Chapter 06	主要介绍尺寸标注，包括直线尺寸、对齐尺寸、旋转尺寸、半径尺寸、角度尺寸等标注方法，同时还对其他标注操作进行了介绍
Chapter 07	主要介绍实体的创建，包括创建标准实体、挤出建立实体，以及实体的布尔运算、实体倒角等
Chapter 08	主要介绍Rhino模型的渲染，在此以KeyShot渲染器的使用为例进行了全面介绍
Chapter 09~10	综合案例，分别介绍了热水壶和未来飞行器的建模与渲染操作

本书内容知识结构安排合理，语言组织通俗易懂，在讲解每一个知识点时，附加以实际应用案例进行说明。正文中还穿插介绍了很多细小的知识点，均以"知识链接"和"专家技巧"栏目体现。此外，本书附网盘下载地址赠送典型案例的教学视频，以供读者模仿学习。

下载地址：

https://yunpan.cn/cYeNr3jvD8vsV

访问密码：f94e

本书在编写和案例制作过程中力求严谨细致，但由于水平和时间有限，疏漏之处在所难免，望广大读者批评指正。

编 者

CONTENTS
目 录

Chapter
01

Rhino 5.0轻松入门

对象的基础操作

Chapter

03

绘制基础线

创建曲面

Chapter

05

编辑曲面

尺寸标注

实体建模

KeyShot渲染技术

制作热水壶

制作无人飞行器

Chapter

01

Rhino 5.0
轻松入门

本章主要介绍Rhino 5.0的入门知识,包括Rhino 5.0的特点、应用、工作界面、环境设置等,以及与其他软件之间数据交换的方法。通过对本章内容的学习,可以掌握Rhino模型的输入输出方法、物件的选择、移动、删除、隐藏等操作,为后面图形绘制、模型创建奠定良好的基础。

知识要点

① Rhino 5.0工作界面介绍
② 工具栏的使用和中键的创建
③ Rhino 5.0的工作环境设置
④ 选择物件
⑤ 移动物体
⑥ 隐藏与锁定物件

上机安排

学习内容	学习时间
● 熟悉Rhino工作环境	30分钟
● 设置Rhino选项	20分钟
● Rhino模型的输入输出	25分钟
● Rhino的基本操作	25分钟

1.1 认识并设置Rhino 5.0

Rhino是美国Robert McNeel & Assoc.开发的强大的专业3D造型软件，广泛应用于三维动画制作、工业制造、科学研究以及机械设计等领域。

1.1.1 Rhino的特点及应用

Rhino是由美国Robert McNeel公司于1998年推出的一款基于NURBS的三维建模软件。它能轻松整合3ds Max与Softimage的模型功能，对制作精细、弹性与复杂的3D NURBS模型，有点石成金之功效。能输出obj、DXF、IGES、STL、3dm等不同格式，适用于几乎所有3D软件，尤其对增加整个3D工作团队的模型生产力有明显效果，Rhino不但可用于CAD、CAM等工业设计，还可为各种卡通设计，场景制作及广告片头打造出优良的模型。除了具有上述优越性外，还具有以下特点。

- Rhino所提供的曲面工具可以精确地制作所有用作渲染表现、动画、工程图、分析评估以及生产的模型。
- Rhino可以在Windows系统中建立、编辑、分析和转换NURBS曲线、曲面和实体。不受复杂度、阶数以及尺寸的限制。
- Rhino是方便实用的3D建模工具，使用它几乎可以建立任何造形，且完全符合设计、快速成形、工程、分析和制造从飞机到珠宝所需的精确度。
- 能够与目前流行的3D自由体建模工具"MOI3D自由设计大师"无缝结合。
- 能与建筑界的主流概念设计软件"SketchUp建筑草图大师"兼容，给建筑业界人士提供了一款自由体建模的优秀工具。

在产品设计方面Rhino可以快速建立三维模型，如下图所示，尤其是在快速设计概念表现方面，有其他软件无法比拟的优势。现在绝大数工业设计院校均开设有Rhino建模课程。在建筑设计方面，Rhino的参数化建模深受广大设计人员的喜爱，而在珠宝设计方面，Rhino强大的曲面建模能力和珠宝插件的应用，使珠宝建模变得更加方便快捷。

知识链接 **专业的曲面建模功能**
Rhino软件在曲面建模方面有非常专业的设计功能，很多比较复杂的造型，通过具体的曲面分析和处理，都可以准确地创建出来。

1.1.2 Rhino 5.0工作界面

启动Rhino 5.0软件，可以发现，其工作界面与之前版本相比并没有太大变化，主要由标题栏、菜单栏、命令行、视图区和状态栏组成，如下图所示。

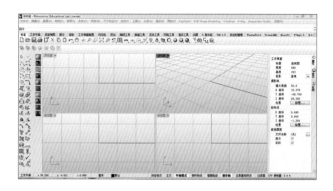

1. 标题栏

标题栏位于主界面的顶部，用于显示当前在运行的Rhino应用程序名称和打开的文件名等信息，单击标题栏最右端按钮，可最小化、最大化和关闭应用程序窗口。

2. 菜单栏

菜单栏位于标题栏下方，菜单栏中包括了Rhino绝大多数的命令，如下图所示。

文件(F)　编辑(E)　查看(V)　曲线(C)　曲面(S)　实体(O)　网格(M)　尺寸标注(D)　变动(T)　工具(L)　分析(A)　渲染(R)　面板(P)　KeyShot4　VSR Shape Modeling　T-Splines　V-Ray　Auxpecker Studio　说明(H)

单击菜单项，或在按住Alt键的同时，按下菜单项中的字母（如Alt+C键），即可打开对应的下拉菜单，右图展示了"曲面"下拉菜单。

下拉菜单具有以下的特点。

● 菜单项中带 ▶ 符号，表示该菜单项还有下一级子菜单。
● 菜单项中带 "…" 符号，表示执行该菜单命令后，将弹出一个对话框。
● 菜单项中带组合键，则表示该下拉菜单可以通过组合键执行，如按下Ctrl+Y键，则执行"重做"命令。

3. 命令行

命令行是Rhino界面重要的组成部分，可以显示当前命令的执行状态、提示下一步操作、输入参数、提示命令操作失败原因等信息，指导用户完成命令操作，如下图所示。

曲线起点（阶数(D)=3　持续封闭(P)=否）：|

执行"工具>指令集>指令历史"命令或按下F12键，可以打开如右图所示的对话框。在对话框中可以用类似于文本编辑的方法，剪切、复制和粘贴历史命令和提示信息。

命令行下面为标签栏，系统将一些常用的命令集中在此，为用户提供更多的便捷性。

4. 工具栏

工具栏中几乎包含了所有的操作命令，只需单击相应的按钮即可执行命令。Rhino 5.0在前一版本基础上新增了很多标签栏工具列，使常用命令更集中化、模块化。若要调用或关闭其他工具栏，可在工具栏空白处右击，在弹出的工具列表中进行选择，如下图所示。

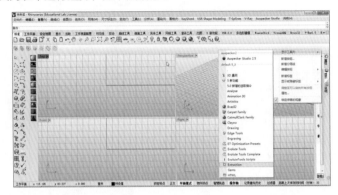

- 工具栏提示：若将光标移至工具栏图标按钮上稍停留片刻，将显示该图标按钮对应的提示信息，如下左图为"旋转视图"按钮对应的工具提示。
- 随位工具栏：如果将光标移至工具栏右下角带小三角的按钮上，按住鼠标左键不放，将弹出随位工具栏。下右图为曲面创建工具栏按钮的随位工具栏。

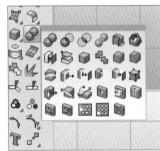

- 浮动工具栏：如果工具栏没有被锁定，可以将光标移至工具栏的边框上，按住鼠标左键并拖动，将工具栏拖动到绘图区，此时工具栏成为"浮动"状态，如下左图所示。
- 中键：单击鼠标中键，会弹出Rhino快捷工具栏，以方便调用工具，如下右图所示。用户可从工具栏中将图标按钮添加到快捷工具栏中；按住Ctrl键选中图标按钮，可对工具进行复制；按住Shift键选中图标按钮，可对工具进行移动，或拖至空白位置删除，充分使用中键快捷工具栏可提高建模的效率。

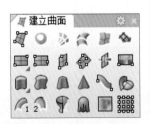

专家技巧：左右键的区别

在操作过程中，有些图标按钮左右键的命令是不同的。

5. 视图区

视图区是Rhino的主要工作区域，该区域中显示视图标题、背景、模型和坐标轴。默认情况下，视图区为4格分布，分别为Top（顶）视图、Front（前）视图、Right（右）视图和Perspective（透视）视图，用户可切换视图和手动调节视图区域大小。将光标移至一个视图区域中单击左键，该视区将被激活，视图标题颜色变为色红，如下图所示。

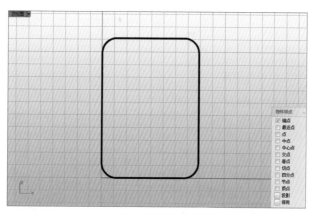

6. 状态栏

状态栏位于界面的最底端，用于显示当前光标位置、图层信息和状态面板，如下图所示。其中，光标位置和图层信息用于显示工作状态；状态面板是辅助建模的重要工具，右击状态面板可"开始"和"关闭"该模式。

- 锁定格点：选中该选项，则锁定格点，光标只能在网格格点上移动，格点间距可在"Rhino选项"对话框的"文件属性"面板中设置。
- 正交：开启正交模式，则光标只能在指定角度上移动，系统默认为90°。
- 平面模式：开启平面模式，则光标只能在上一个指定点所在的平面上移动。
- 物件锁点：开启该模式，则会弹出"端点"和"中点"等一系列捕捉选项，如下图所示，从而有助于精确建模。

- 智慧轨迹：可以进行智能捕捉端点，方便线条的绘制。
- 操作轴：打开操作轴后，便于移动物件和缩放物件。
- 记录建构历史：该选项可记录命令的建构历史，但不是所有命令都支持该选项。如"旋转成型"等命令可运用此选项记录曲面建构历史，通过编辑控制点直接调整曲面形状。
- 过滤器：可以选择需要过滤的点、线、面等，方便对物件的操作。

1.1.3 Rhino 5.0环境设置

通过操作环境的设置，可以使Rhino的操作界面看起来更舒适，更具有个性化，这在一定程度上可以加快建模速度。

1. 设置文件属性

在熟悉了Rhino的工作界面之后，接下来学习文件属性的设置，其中最常见的操作包括网格、单位、格线的设置。

- 网格："网格"设置关系到Rhino曲面建模过程中转化成多边形的显示和渲染，关系到显示的质量，如下左图所示。系统默认为最低设置"粗糙、较快"，为了提高曲面精度，可以选择"平滑、较慢"或"自订"选项。精度越高，相应生成的文件越大。
- 单位和公差："单位"是建模文件很重要的参数，如下右图所示。"模型单位"可设为米、厘米、毫米等，一般情况下以毫米为单位。"绝对公差"用于为建模尺寸设置误差容许限度。容差越小，建模精确度越高，因此一般保持默认设置为0.001毫米。"相对公差"和"角度公差"一般保持默认值即可。

- 格线：格线主要用来辅助建模，作为工作基准面使用，在建模时可以通过锁定格点的方式来确定矩形的长度和宽度。可以修改格线的格数和子格线间隔，使工作视窗看起来更舒服，如下图所示。

知识链接 ➤ **巧用容差**

在建模过程中。若出现两个线或面无法结合在一起，则可以手动将容差加大，待操作完成后再设置回原值。

2. Rhino选项

Rhino的选项包括插件、"工具列"、"建模辅助"、"视图"、"外观"、"文件"等。下面将对常用的几项进行讲解。

- 外观：单击外观前面的"+"，弹出"颜色"选项，可以设置选取和锁定物体的颜色，以便区分，默认选择物体的颜色为黄色，一般锁定物体可设为半透明显示，方便观察和操作，如下左图所示，其他颜色可根据个人爱好更改。

- 文件：在"文件"项中可以设置文件自动保存时间，避免建模过程中出现软件非正常关闭导致数据丢失，默认为20分钟。用户还可从自动保存路径找到原文件，如下右图所示。

- 建模辅助：在"建模辅助"项中"推移设置"选项可控制移动物件过程中单位值，即移动的距离为"推移步距"的倍数，因此若精密建模过程中，出现移动过大的情况，可在此修改设置。为了方便操作，在"推移键"选项组中选择"方向键"单选按钮，如下图所示。

1.2 Rhino模型的输入输出

Rhino 5.0中模型文件的管理与其他Windows应用软件文件的管理基本相同，包括新建文件、打开文件、关闭文件、导入文件、导出文件和保存文件，操作方法也类似。Rhino是NURBS曲面建模软件，用它做的模型，都是NURBS模型。但是输出模型的时候，并不是都以NURBS方式输出。为了加强该软件与其他建模软件的数据兼容性，便于进行数据交换，Rhino提供了多种数据转换格式。

1.2.1 模型的输入

模型的输入主要包括新建文件、打开文件和导入文件，这些都是最基本的操作。

1. 新建文件

利用"新建"命令可以创建新的模型文件。

调用"新建"命令方式如下。

- 菜单：执行"文件>新建"命令。
- 按钮：单击"标准"工具栏中 按钮。
- 键盘命令：New。
- 快捷键：Ctrl+N。

2. 打开文件

利用"打开"命令可以打开已保存的模型文件。

调用"打开"命令方式如下。

- 菜单：执行"文件>打开"命令。
- 按钮：单击"标准"工具栏中 按钮。
- 键盘命令：Open。
- 快捷键：Ctrl+O。

3. 导入文件

利用"导入"命令可将其他软件创建的模型导入到Rhino中。

调用"导入"命令方式如下。

- 菜单：执行"文件>导入"命令。

知识链接 ▶ **Rhino的兼容性**

Rhino能兼容绝大多数常用的二维、三维软件，如AutoCAD、Sketchup、3ds Max、Illustrator等。

1.2.2 模型的输出

利用"保存"命令可以保存当前的模型文件。

调用"保存"命令方式如下。

- 菜单：执行"文件>保存文件"命令。
- 按钮：单击"标准"工具栏中 按钮。
- 键盘命令：Save。
- 快捷键：Ctrl+S。

下面将对文件的保存操作进行详细介绍。

步骤01 执行"文件>保存文件"命令，如果当前文件已经命名，则系统直接用当前文件名保存，不需要进行其他操作；如果当前文件未命名，则弹出"保存"对话框，如右图所示。

步骤02 在地址栏中设置文件的保存路径。在"文件名"文本框中输入文件的名称。

步骤03 在"保存类型"下拉列表中选择保存文件格式或版本，如要导入到3ds Max中，则保存为"*.3ds"格式。

步骤04 设置完成后，单击"保存"按钮，即可完成模型的导出操作。

1.2.3 与其他软件的数据交换

根据不同的需求，Rhino的模型经常要导入到其他软件中进行再次编辑，如3ds Max、AutoCAD、Photoshop等，这就需要将建好的模型另存为其他格式的文件。

1. 与3ds Max进行数据交换

（1）3ds格式

3ds是一种常用的文件交换格式。它属于多边形方式输入模型，因此在Rhino中需要把NURBS模型先转为Polygon Mesh网格物体。具体操作方法如下。

步骤01 选择要导出的物体，右键单击"保存文件"按钮，在弹出的"导出"对话框中设置"保存类型"为3ds格式，单击"保存"按钮。

步骤02 此时将弹出"网格选项"对话框，这就是转化成多边形网格物体的参数对话框。拖动滑块，可以产生不同精度的多边形网格物体。Rhino 5.0设置了"预览"功能，用户可以很方便地提前预览转化后模型的网格量，如下左图所示。

步骤03 单击该对话框中的"进阶设定"按钮，弹出"网格高级选项"对话框，从中可以对多边形的网格做进一步的细分和调整，如下右图所示。

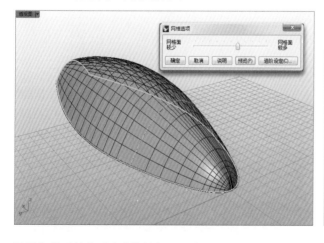

设置参数后单击"确定"按钮，即完成了模型的转化输出。在3ds Max中，执行"文件>导入"命令，选择该3ds格式文件即可输入模型。

（2）dwg格式以及dxf格式

输出方法与3ds格式类似，都需要转化为多边形网格物体，然后在3ds Max里面导入dwg格式和dxf格式文件。下面将对具体操作方法进行介绍。

步骤01 在Rhino中把模型按材料进行分类，然后赋予不同的图层。右击"保存文件"按钮，在"导出"对话框中设置"保存类型"为dwg格式或dxf格式，单击"保存"按钮。

步骤02 弹出"DWG/DXF导出选项"对话框，在"导出配置"里有若干参数选项可供设置，用户可根据需要进行配置，如下左图所示。

步骤03 单击"编辑配置"按钮，会打开"AutoCAD 导出配置"对话框，从中可以设置CAD的版本，以适应不同版本的CAD读取文件。设置完成后单击"储存"按钮，如下右图所示。

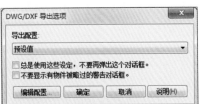

专家技巧：将dwg文件导入3ds Max中

在3ds Max中，执行"文件>导入"命令，选择dwg格式文件，Max会自动弹出Import AutoCAD DWG File对话框，从中重新设置参数，即可正确导入模型。

（3）iges格式

Iges格式可以以NURBS方式输入模型。在Rhino中把模型保存为iges格式，然后在Max中输入iges格式的文件即可。

采用iges格式输入，可以保持NURBS模型的所有特性，并且可以输入Rhino里面绘制的曲线，这是它最大的优点。但是iges格式输入的模型曲面和曲面之间不能像在Rhino里面通过"结合"命令来消除缝隙。

需要注意的是，3ds Max里面的NURBS占用较多的系统资源，工作效率较低，渲染也比多边形网格物体慢很多。如果输入很复杂的模型，运行起来就更缓慢，因此在输入较大模型的时候，应该慎重考虑是否必须选用iges格式输入模型。

2. 与Photoshop进行数据交换

Rhino具有强大的平面图形绘制功能，它绘制的图形曲线可以输入各种平面软件内，主要的输出格式为ai（Adobe Illustrator），同时这些平面软件也可以通过ai格式把平面图形输入Rhino中。下面以Photoshop这款平面软件为例，介绍Rhino输出平面图形的方法。

步骤01 选择Rhino中绘制的曲线，右击"保存文件"按钮，将该图形导出。

步骤02 选择"文件类型"为ai格式，这时弹出"AI导出选项"对话框，该对话框主要用来设置输出图形的大小、颜色模式，如下图所示。

打开Photoshop软件，新建一个文件，执行"文件>置入"命令，选择刚才保存的ai文件，就可以将Rhino中输出的文件输入到Photoshop中进行编辑。

3. 与其他软件进行数据交换

除上面列举的常见软件外，Rhino还可以和很多工程软件进行数据交换，一般输入这些软件都采用iges格式，然后在软件类型里面选择相应的输入软件的名称即可。

对于少数软件，还有专门的交换插件可供使用，例如，SolidWorks有可以直接打开Rhino的3dm类型文件的插件，而且是免费的，可以到Rhino官网（http://www.rhino3d.com/resources/）下载使用。

1.3　Rhino的基本操作

Rhino软件最基本的操作包括选择、移动、删除、缩放、隐藏物件。下面将对这些基本操作进行讲解。

1.3.1　选择

选取单个物件常用单击鼠标左键或框选的方式，也可以对某一类物件进行选取。

1. 对象的选择

对象的选择方式大体分为三种，点选、框选和按类型选择，选中的物体会以另一种颜色显示，如下左图所示。显示的颜色可在"Rhino选项"对话框的"文件属性"面板进行自定义设置。

2. 框选

框选方法分为从左至右和从右至左两种模式，从左至右选择会将选框内的对象选中（同AutoCAD中的窗口方式），从右至左选择则会选择选框所接触和框中的所有对象（同AutoCAD中的窗交方式）。

3. 类型选取

单击 按钮，弹出"选取"工具栏，如下右图所示。根据需要按类型进行选择，如"曲线"、"灯光"和"尺寸标注"等。

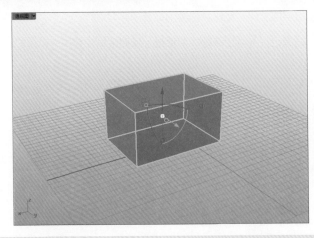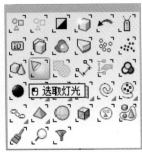

1.3.2 移动、旋转、缩放

在Rhino中，变动物件可以通过移动工具、旋转工具、缩放工具来完成。

1. 移动工具

移动工具按钮为 ，在完成一项操作之后，系统重置于选取状态，当选取一个物件之后，直接拖动可以将其移到另一处位置。但有的时候需要精确移动的距离、位置，这时可选择移动工具，然后在工作视窗中选取需要移动的对象，单击鼠标右键确定。在视图中放置移动的起始点，然后放置移动的终止点。适时地开启捕捉功能可以对物件进行准确的移动，如下图所示。

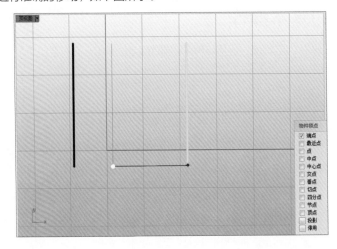

2. 旋转工具

旋转工具按钮为 ，该工具其实包含了两个工具，左键单击工具按钮可执行2D旋转，右键单击工具按钮可执行3D旋转操作。

（1）2D旋转

在当前视图中进行旋转。选择旋转工具，在视图中选取需要旋转的物件，右键单击确定，然后依次选择旋转中心点、第一参考点（角度）、第二参考点，完成旋转，如下图所示。

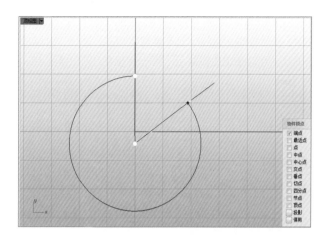

（2）3D旋转

这种旋转方式较为复杂，右键单击旋转工具，然后在工作视窗中选取需要旋转的物件，右键单击确定，然后依次放置旋转轴起点、旋转轴终点、第一参考点（角度）、第二参考点，完成旋转，如下图所示。

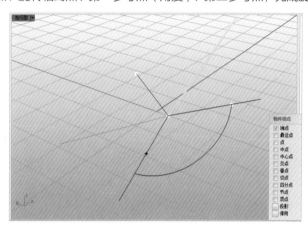

3. 缩放工具

Rhino的缩放工具有4个，常用的包括单轴、二轴和三轴缩放。

（1）单轴缩放

选取的物件仅在一个平面内沿X或Y轴进行缩放。选择单轴缩放工具，在工作视窗中选取进行缩放的物件，右键单击确定，然后依次确定第一参考点、第二参考点，完成缩放，如下图所示。

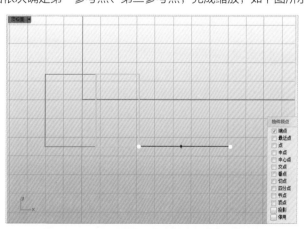

（2）二轴缩放

物件只会在工作平面的X、Y轴方向上缩放，而不会整体缩放。选择二轴缩放工具，在工作视窗中选取进行缩放的物件，右键单击确定，然后依次放置基点、第一参考点、第二参考点，完成缩放，如下图所示。

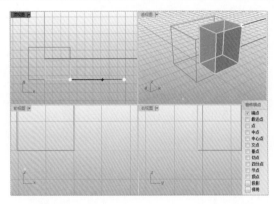

（3）三轴缩放

在X、Y、Z三个轴向上以相同的比例缩放选取的物件。这项工具的使用方法与二轴缩放大同小异。

专家技巧：缩放技巧

对物件进行缩放时，可以利用操纵轴进行快捷方便的缩放。

1.3.3 删除、隐藏、锁定

在建模过程中，用户可将多余的物件删除，将暂时不需要的物件隐藏。接下来，对常见的删除、隐藏操作进行介绍。

1. 对象的删除

在建模过程中可以用"删除"命令将不需要的对象删除。

调用"删除"命令的方式如下。

● 菜单：执行"编辑>删除"命令。

● 键盘命令：Delete。

2. 对象的隐藏

在建模过程中，可能会遇到很复杂的模型，这时可将一部分对象隐藏，以方便对其他对象进行选取，右图为"可见性"工具栏。

调用"隐藏"命令的方式如下。

● 菜单：执行"编辑>可见性>隐藏"命令。

● 按钮：单击"标准"工具栏中 按钮。

● 键盘命令：Hide。

3. 对象的显示

调用"显示"命令，可以将隐藏的对象显示出来。

调用"显示"命令的方式如下。

● 菜单：执行"编辑>可见性>显示"命令。

● 按钮：右击"标准"工具栏中 按钮。

● 键盘命令：Show。

进阶案例 隐藏对象

隐藏对象的具体操作方法如下。

01 打开模型文件，单击 💡 按钮，调用"隐藏"命令。命令行提示为"选取要隐藏的物体"时，选择对象。

02 命令行提示为"选取要隐藏的物体。按Enter完成："时，按回车键，完成对象隐藏。

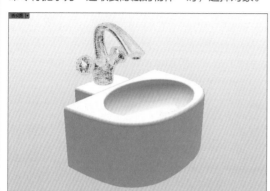
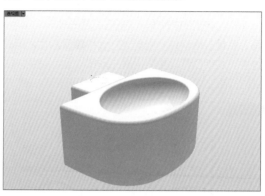

1.3.4 查看

在Rhino 5.0建模过程中，需要对视图进行放大、缩小、平移等操作，以更好地观察模型，可以通过缩放、平移等命令来观察模型。

1. 平移视图

调用"平移"命令的方式如下。
- 菜单：执行"查看>平移"命令。
- 键盘命令：Pan。

在顶视图、前视图和右视图中进行平移，按住鼠标右键拖动即可；在透视视图中进行平移，需要按住Shift键拖动鼠标。

2. 旋转视图

调用"旋转"命令的方式如下。
- 菜单：执行"查看>旋转"命令。
- 键盘命令：RotateView。

在透视视图中，按住鼠标右键拖动即可完成视图旋转。

3. 缩放试图

常规的缩放视窗分为"动态缩放"、"框选缩放"、"缩放至最大范围"和"缩放至选取物件"，其按钮如右图所示，在视图中滚动鼠标中键可直接进行视图缩放。

知识链接 ▶ **Rhino的插件**
- 各行业的专业插件：建筑插件EasySite、机械插件Alibre Design、珠宝首饰插件TechGems、鞋业插件RhinoShoe、船舶插件Orca3D、牙科插件DentalShaper for Rhino、摄影量测插件Rhinophoto、逆向工程插件RhinoResurf等。
- 渲染插件：Flamingo（火烈鸟）、Penguin（企鹅）、V-Ray和Brazil（巴西）等。
- 动画插件：Bongo（羚羊）、RhinoAssembly等。

1.4 Rhino建模的相关术语

在讲解Rhino中的工具命令之前，需要对其常见术语做一下说明，这些理论部分的知识对工具选项的理解有很大的帮助。即使未能完全理解也没有关系，在后面真正遇到的时候返回这里巩固复习即可。

1.4.1 非均匀有理B样条

非均匀有理B样条（NURBS）是一种非常出色的建模方式，它是Non-Uniform Rationa/B-Splines的缩写。高级三维软件一般都支持这种建模方式。相比于传统的网格建模方式，它能够更好地控制物体表面的曲线度，从而创建出更为逼真生动的造型。使用NURBS建模造型，可以创建出各种复杂的曲面造型，以及特殊的效果，如动物模型、流畅的汽车外形等。NURBS造型中常见的元素如下图所示。

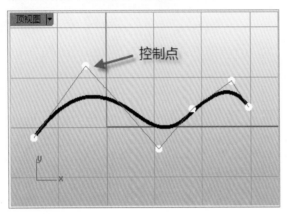
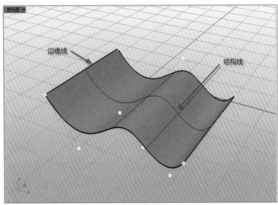

1.4.2 阶数

一条NURBS曲线有4个重要的参数，即阶数、控制点、节点、连续性。其中，阶数(Degree)是最为主要的参数，又称为度数，它的值是一个整数。这项指数决定了曲线的光滑长度，比如直线为一阶，抛物线为二阶。

通常情况下，曲线的阶数越高，则表现得越光滑，计算起来所需的时间也越长。所以曲线的阶数不宜设置得过高，满足要求即可，以免给以后的编辑带来困难。如果创建一条直线，将其复制为几份，然后将它们更改为不同的阶数，则可以看出，随着阶数的不同，控制点的数目也会随之增加。如果移动这些控制点会发现，这些控制点所管辖的范围也不尽相同，如下图所示。

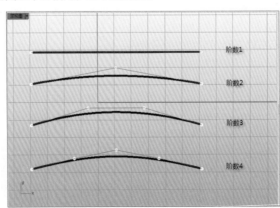

1.4.3　控制点

　　控制点一般在曲线之外，控制点之间的连续在
Rhino中呈虚线显示，称为外壳线，而编辑点则位于曲
线之上，且在向一个方向移动控制点时，控制点左右
两侧的曲线随控制点的移动而发生变化，而编辑点始
终会位于曲线之上，无法脱离，如右图所示。

　　在修改曲线的造型时，一般情况下是通过移动曲
线的控制点来修改，由于曲线的阶数与跨距不同，移
动控制点对曲线的影响也不同。移动控制点对曲线的
影响程度又称为权重，若一条曲线的所有控制点权重相
同，则称该曲线为非有理线条，反之则称为有理线条。

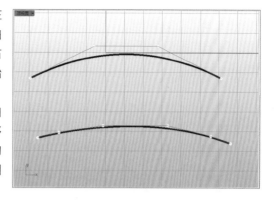

1.4.4　节点

　　曲线上的节点数=控制点的数目减曲线的阶数，然后加1。因此，添加节点，控制点也会增加，删除节
点，控制点也会减少。控制点与节点的关系如下图所示（图中曲线的阶数为3）。

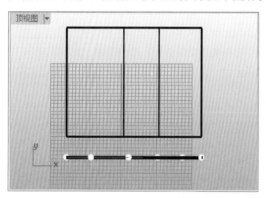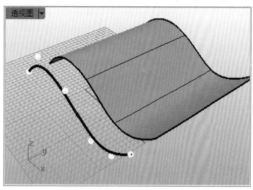

　　节点在曲线的创建中，显得并不太重要，但是如果以这条曲线为基础创建一块曲面，这时候可以看到，
曲线节点的位置与曲面结构线的位置一一对应。

1.4.5　连续性

　　连续性（Continuity）是在造型中经常遇到的术语，它是判断两条曲线或两个曲面接合是否光滑的重要
参数。在Rhino中最常用到的有三个连续性级别，分别为G0、G1、G2连续级别。

1. G0（Position位置连续）

　　当两条曲线的端点相接形成锐角或两个曲面的边
缘线相接形成锐边时，称它们为位置连续。换言之，
当两条曲线或两个曲面构成位置连续关系时，它们之
间会形成锐角或锐边，如右图所示。

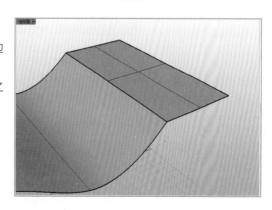

2. G1（Tangent相切连续）

如果两条曲线在相接处的切线方向一致或两个曲面相接处的切线方向一致，即两条曲线或两个曲面间没有形成锐角或锐边，这种连续称为G1。由此可知，两条曲线或两个曲面之间是否形成了相切连续是由它们相接处的切线方向是否一致所决定的，如下图所示。

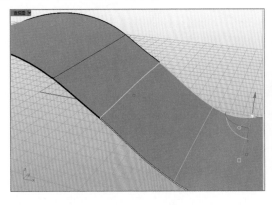
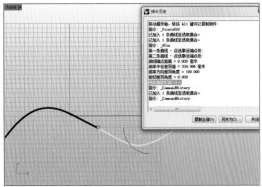

3. G2（Curvature曲率连续）

若两条曲线的相接处或是两个曲面的相接处不仅是切线方向一致，且曲率圆的半径也一致，则称这两条曲线或两个曲面之间形成了G2（Curvature曲率连续）。由此可见，曲率连续不仅要求满足位置连续、相切连续两个条件，还要满足连接处的曲率圆的半径一致，故而曲率连续是更为光滑的连接，如下图所示。

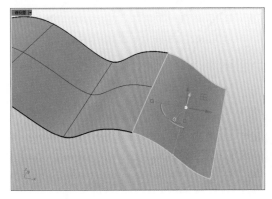
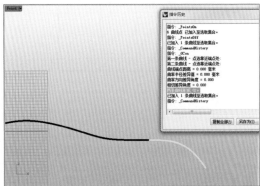

1.4.6 方向指示

法线方向指曲面法线的曲率方向，垂直于着附点。在曲面中，称为曲面方向，在曲线中称为曲线方向。

在工作视窗中选取物件，然后执行"分析>方向"命令，即可显示出该物件的方向。在单曲面或多重曲面中，根据线条绘制方向的不同，指示箭头方向也不相同。在物件上单击可以切换曲面或曲线的方向，还可以通过提示行命令来执行更多的命令，如右图所示。

在工作视窗中将曲面着色显示，就能发现曲面的正侧与背侧显示为不同的颜色。由此便可判断出曲面的方向，至于修改方向，仍需要通过上面的方法来完成。

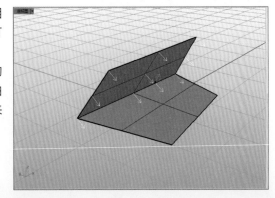

课后练习

一. 选择题

1. 命令行下面新增了（　　）工具栏，这些工具栏集中了常用的命令，更方便用户操作。
   A. 标签　　　　　　　　　　　　　　B. 标题
   C. 菜单　　　　　　　　　　　　　　D. 命令

2. 在Rhino的选项面板中，调整视口背景的选项位于在（　　）项。
   A. 外观　　　　　　　　　　　　　　B. 文件
   C. 建模辅助　　　　　　　　　　　　D. 视图

3. 在透视视图中进行平移，需要按住（　　）的同时拖动鼠标。
   A. Shift　　　　　　　　　　　　　　B. Alt
   C. Space　　　　　　　　　　　　　　D. Ctrl

4. Rhino和3ds Max进行数据交换时，常用（　　）和（　　）两种格式。
   A. 3ds　　　　　　　　　　　　　　　B. dwg
   C. obj　　　　　　　　　　　　　　　D. ai

二. 填空题

1. 选中_____选项，光标只能在网格格点上移动，格点间距可在"文件属性"面板中设置。

2. 将光标移至工具栏中右下角带小三角的按钮上，按住鼠标左键不放，将弹出_____工具栏。

3. Rhino的格线主要用来_____，作为工作基准面使用。

4. 在Rhino中最常用到的有三个连续性级别，分别为_____、_____、_____连续级别。

三. 操作题

通过Rhino 5.0软件，完成指定模型从Rhino到3ds Max的数据交换，得到如下图所示效果。

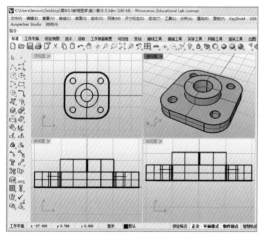

在Rhino中效果

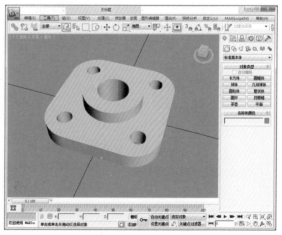

在3ds Max中的效果

Chapter

02

对象的基础操作

在Rhino中，对象的操作是最基本且最重要的内容。其中，对象包括点、二维图线、曲面和实体，熟练掌握这些基本操作，可以大大提高建模的效率和质量。本章所介绍的基础操作包括移动对象、旋转对象、复制对象、阵列对象、镜像对象等。

知识要点

① 移动对象的方法
② 旋转对象的方法
③ 复制对象的方法
④ 镜像对象的方法
⑤ 缩放对象的方法
⑥ 修剪对象的方法
⑦ 分割对象的方法

上机安排

学习内容	学习时间
● 移动对象	5分钟
● 旋转对象	10分钟
● 复制对象	5分钟
● 阵列对象	15分钟
● 镜像对象	5分钟
● 修剪对象	15分钟

2.1 移动对象

利用"移动"命令，可以调整对象的位置。结合Rhino"物件锁点"功能可以将对象精准地从一个位置移动到另一个位置。

调用"移动"命令的方式如下。

- 执行"变动>移动"命令。
- 按钮：单击"主要"工具栏中⚏按钮。
- 键盘命令：Move。

需要说明的是，在移动过程中，如果按住Shift键，移动方向将限制为水平与垂直，在顶视图中，若在移动对象的同时按住Shift键，则沿X/Y轴方向移动。

在移动过程中，如果按住Ctrl键，移动方向也将受限制。在顶视图中，若在移动对象的同时按住Ctrl键，则沿Z轴方向移动。在透视视图中，在移动对象的同时按住Shift键，则沿X/Y轴方向移动，如下左图所示；在移动对象的同时按住Ctrl键，则沿Z轴方向移动，如下右图所示。

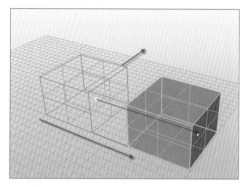 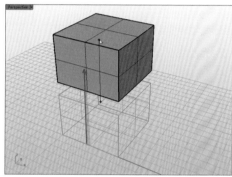

进阶案例 **精确移动长方体**

精确移动对象的具体操作方法介绍如下。

01 打开实例文件，单击⚏按钮，调用"移动"命令。

02 命令行提示为"选取要移动的物件："时，选择要移动的长方体，如下左图所示。

03 命令行提示为"选取要移动的物件。按Enter完成："时，按回车键。

04 命令行提示为"移动的起点(垂直(V)=否)："时，开启"物件锁点>端点"，锁定一端点作为基点。

05 命令行提示为"移动的终点："时，输入数值，按回车键。移动鼠标时，出现白色辅助线，通过移动鼠标确定移动方向，按回车键，如下右图所示。

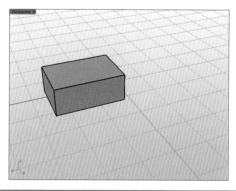 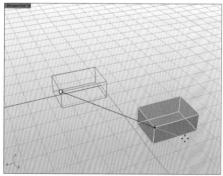

"移动"命令行中选项含义

垂直(V)：以各视图垂直方向移动对象。在顶视图中操作，沿Z轴方向垂直移动；在前视图中操作，沿Y轴方向垂直移动；在右视图中操作，沿X轴方向垂直移动。

2.2　旋转对象

利用"旋转"命令，可以改变对象方向，调整对象的角度，变换对象相互关系，包括2D旋转和3D旋转。

2.2.1　2D旋转对象

调用2D旋转命令的方式如下。

- 菜单：执行"变动>旋转"命令。
- 按钮：单击"主要"工具栏中 按钮。
- 键盘命令：Rotate。

利用2D旋转命令旋转对象的具体操作方法介绍如下。

步骤01 单击 按钮，调用2D旋转命令。

步骤02 命令行提示为"选取要旋转的物件："时，选择要旋转的长方体。

步骤03 命令行提示为"选取要旋转的物件。按Enter完成："时，按回车键。

步骤04 命令行提示为"旋转中心点(复制(C))："时，开启"物件锁点>端点"，锁定端点。

步骤05 命令行提示为"角度或第一参考点(复制(C))："时，输入数值作为旋转角度或者指定一点作为第一参考点。

步骤06 命令行提示为"第二参考点(复制(C))："时，指定一点作为第二参考点，完成旋转，如下图所示。

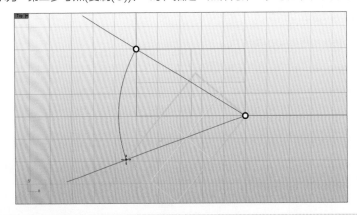

"旋转"命令行中选项含义

复制(C)：将选定对象旋转后，保留原对象。

2.2.2　3D旋转对象

调用3D旋转命令的方式如下。

- 菜单：执行"变动>3D旋转"命令。
- 按钮：右击"主要"工具栏中 按钮。
- 键盘命令：Rotate3D。

进阶案例 旋转企鹅模型

利用3D旋转命令旋转对象的操作步骤如下。

01 右击 🖱 按钮，调用3D旋转命令。

02 命令行提示为"选取要旋转的物件："时，选择要旋转的对象。

03 命令行提示为"选取要旋转的物件。按Enter完成："时，按回车键。

04 命令行提示为"旋转轴起点"时，指定一点，作为旋转轴的起点。

05 命令行提示为"旋转轴终点"时，指定一点，作为旋转轴的终点。

06 命令行提示为"角度或第一参考点(复制(C))："时，输入数值作为旋转角度或指定一点作为第一参考点，如下左图所示。

07 命令行提示为"第二参考点(复制(C))："时，指定一点作为第二参考点，完成旋转，如下右图所示。

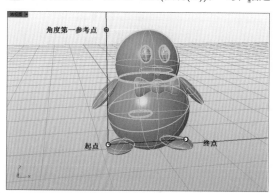
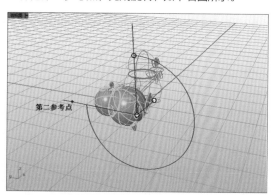

2.3 复制对象

利用"复制"命令，可以实现对象的复制。

调用"复制"命令的方式如下。

- 执行"变动>复制"命令。
- 按钮：单击"主要>变动"工具栏中 🖱 按钮。
- 键盘命令：Copy。

复制对象的具体操作方法介绍如下。

步骤01 打开实例文件，单击 🖱 按钮，调用"复制"命令。

步骤02 命令行提示为"选取要复制的物件："时，选择要复制的圆锥体。

步骤03 命令行提示为"选取要复制的物件。按Enter完成："时，按回车键。

步骤04 命令行提示为"复制的起点(垂直(V) =否 原地复制(I))："时，开启"物件锁点>中心点"，锁定底面圆圆心作为基点，如右图所示。

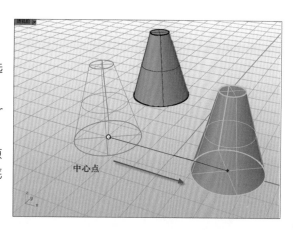

步骤05 命令行提示为"复制的终点:"时,指定要复制到的位置点,复制出第一个对象。

步骤06 命令行提示为"复制的终点(从上一个点(F) = 否 使用上一个距离(U) =否 使用上一个方向(S) =否):"时,再次指定要复制到的位置点,复制出第二个对象。

……

步骤n 命令行提示为"复制的终点(从上一个点(F) = 否 使用上一个距离(U) =否 使用上一个方向(S) =否):"时,按回车键。

> **知识链接** "复制"命令行中选项含义
>
> - **垂直(V):** 沿当前工作平面垂直的方向复制对象。在Top视图中操作,则沿z轴方向垂直复制;在Front视图中操作,则沿y轴方向垂直复制;在Right视图中操作,则沿x轴方向垂直复制。
> - **原地复制(I):** 不改变复制体的位置,在原对象的位置直接复制,选中对象,将弹出的"候选列表"窗口,如右图所示,显示有两个对象。
> - **从上一个点(F):** 选择"是",则以上一个复制对象的放置点为基准点。选择"否",则以第一次复制对象基准点为起点。
> - **一个距离(U):** 选择"是",则以上一个复制对象和基准点间的距离复制下一个对象。选择"否",以不同的距离复制下一个对象。
> - **使用上一个方向(S):** 选择"是",则以上一个复制对象和基准点间的方向复制下一个对象。选择"否",以不同的方向复制下一个对象。

2.4 阵列对象

利用"阵列"命令,可以按照一定规律或次序重复排列对象。阵列方式有6种,包括"矩形阵列"、"环形阵列"、"沿着曲线阵列"、"在曲面上阵列"和"沿着曲面上的曲线阵列"、"直线阵列",如下图所示。本节将对最常用的前3种方式进行介绍。

2.4.1 矩形阵列对象

调用矩形阵列命令的方式如下。
- 菜单: 执行"变动>阵列>矩形"命令。
- 按钮: 单击"主要>变动>阵列"工具栏中██按钮。
- 键盘命令: Array。

矩形阵列对象的具体操作方法介绍如下。

步骤01 打开如下左图所示的实例文件,单击██按钮,调用矩形阵列命令。

步骤02 命令行提示为"选取要阵列的物体:"时,选取阵列长方体。

步骤03 命令行提示为"选取要阵列的物体。按Enter完成:"时,按回车键。

步骤04 命令行提示为"X方向的数目<3>:"时,输入X方向的数值为3,按回车键。

步骤05 命令行提示为"Y方向的数目<3>:"时,输入Y方向的数值为3,按回车键。

步骤06 命令行提示为"Z方向的数目<3>:"时,输入Z方向的数值为1,按回车键。

步骤07 命令行提示为"单位方块或X方向的间距:"时,输入X方向阵列间距值为30,按回车键。

步骤08 命令行提示为"Y方向的间距或第一个参考点:"时,输入Y方向阵列间距值为30,按回车键。

步骤09 命令行提示为:"按Enter接受(X数目(X)=4　X间距(S)　Y数目(Y)=3　Y间距(P)　数目(Z)=2　Z间距(A)):"时,按回车键,完成矩形阵列,如下右图所示。

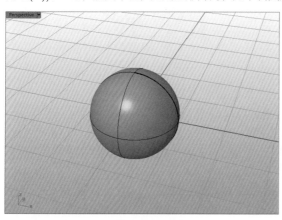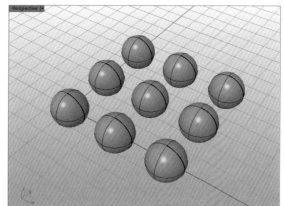

2.4.2 环形阵列对象

调用环形阵列命令的方式。

- 菜单: 执行"变动>阵列>环形"命令。
- 按钮: 单击"主要>变动>阵列"工具栏中 ✿ 按钮。
- 键盘命令: ArrayPolar。

环形阵列对象的具体操作方法介绍如下。

步骤01 打开如右图所示的实例文件,单击 ✿ 按钮,调用环形阵列命令。

步骤02 命令行提示为"选取要阵列的物体:"时,选取阵列球体1和球。

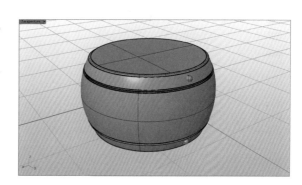

步骤03 命令行提示为"选取要阵列的物体。按Enter完成:"时,按回车键。

步骤04 命令行提示为"环形阵列中心点:"时,开启"物件锁点>中心点",在顶视图中捕捉鼓面的中心点,作为阵列的中心,如下左图所示。

步骤05 命令行提示为"项目数<20>:"时,输入项目数值为20,按回车键。

步骤06 命令行提示为"旋转角度总合或第一参考点<360>(步进角(S)):"时,输入旋转角度值360,按回车键,完成环形阵列,如下右图所示。

> **知识链接** "环形阵列"命令行中选项含义
> 步进角(S): 指对象之间的角度。

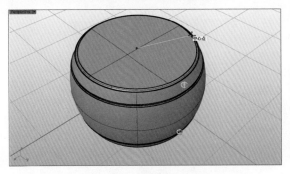
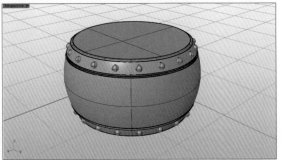

2.4.3 沿着曲线阵列对象

调用沿着曲线阵列命令的方式。

- 菜单：执行"变动>阵列>沿着曲线"命令。
- 按钮：单击"主要>变动>阵列"工具栏中 按钮。
- 键盘命令：ArrayCrv。

进阶案例 **沿曲线阵列对象**

沿曲线阵列对象的具体操作方法介绍如下。

01 打开如下左图所示的实例文件，单击 按钮，调用沿着曲线阵列命令。

02 命令行提示为"选取要阵列的物体："时，选取圆球。

03 命令行提示为"选取要阵列的物体。按Enter完成："时，按回车键。

04 命令行提示为"选取路径曲线(基准点(B))："时，输入字母B，按回车键。

05 命令行提示为"阵列物体的基准点："时，开启"物件锁点>端点"，在透视视图中指定基准点A，如下右图所示。

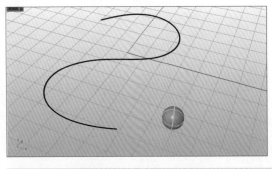
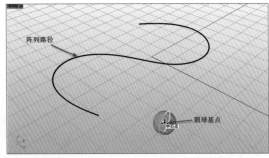

知识链接 **"沿着曲线阵列"命令行中选项含义**

基准点(B)：若阵列的对象不位于曲线上时，则可以确定阵列对象的基准点。

---

06 命令行提示为"选取路径曲线："时，选取路径曲线，弹出"沿着曲线阵列选项"对话框，如下左图所示。

07 在"项目数"数值框中输入阵列项目数值为20，在"定位"选项组中，选中"不旋转"单选按钮，单击"确定"按钮，完成沿着曲线阵列操作，如下右图所示。

 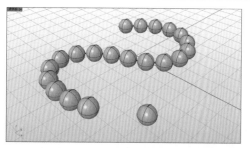

- **项目数：** 输入阵列对象的数目，系统会自动计算阵列对象的阵列间距，并沿着曲线的起始点到终点均匀分布对应数目的阵列对象。
- **项目间的距离：** 输入对象之间的距离值，系统会按照输入的对象间距离值从曲线起始点阵列对象，阵列对象的数量依曲线长度而定。
- **不旋转：** 阵列对象在沿曲线阵列过程中保持原来的定位不发生旋转。
- **自由扭转：** 阵列的对象会自动适应阵列曲线，沿路径方向扭转。

2.5 镜像对象

利用"镜像"命令，可以快速精准地实现对象的对称复制，创建对称对象。

调用"镜像"命令的方式如下。

- 菜单：执行"变动>镜像"命令。
- 按钮：单击"主要>变动"工具栏中 按钮。
- 键盘命令：Mirror。

进阶案例 镜像耳机图形

镜像对象的具体操作方法介绍如下。

01 打开实例文件，单击 按钮，调用"镜像"命令。

02 命令行提示为"选取要镜像的物件："时，选择要镜像复制的耳机，如下左图所示。

03 命令行提示为"选取要镜像的物件：按Enter完成："时，按回车键。

04 命令行提示为"镜像平面起点（三点(P) 复制(C) = 是）："时，指定镜像的起点。

05 命令行提示为"镜像平面终点（复制(C)= 是）："时，指定镜像的终点，如下右图所示。

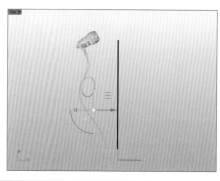 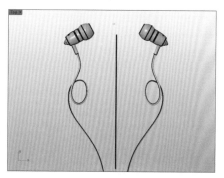

知识链接 "镜像"命令行中选项含义

● 三点(P)：指定三个点确定镜像平面，如右图所示。
● 复制(C)：选择"是"，则原对象镜像后被保留，选择
"否"，则原对象镜像后被删除。

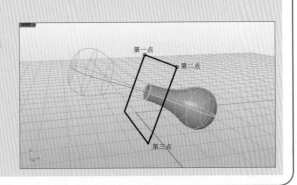

2.6 缩放对象

利用缩放命令可以按照一定比例将物体在一定方向上放大或缩小。"缩放"命令包括
单轴缩放、二轴缩放、三轴缩放、非等比缩放，以及在定义的平面上缩放5种方式，如右
图所示，本节将对前两种方式进行介绍。

2.6.1 单轴缩放对象

调用单轴缩放命令的方式如下。

● 菜单：执行"变动>缩放>单轴缩放"命令。
● 按钮：单击"主要>缩放"工具栏中 按钮。
● 键盘命令：ScaleID。

单轴缩放对象的具体操作方法介绍如下。

步骤01 打开实例文件，单击 按钮，调用单轴缩放命令。

步骤02 命令行提示为"选取要缩放的物件："时，选取圆柱体，如下左图所示。

步骤03 命令行提示为"选取要缩放的物件"。按回车键。

步骤04 命令行提示为"基点(复制(C))："时，开启"物件锁点>中心点"，指定缩放基点A，如下右图所示。

步骤05 命令行提示为"缩放比或第一参考点<1.000>(复制(C))："时，指定第一个参考点B。如下右图所示。

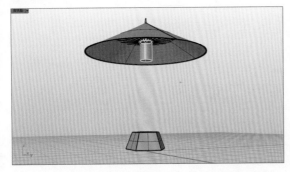

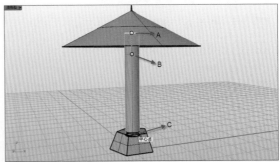

步骤06 命令行提示为"第二参考点(复制(C)):"时,指定第二个参考点C,完成圆柱体的单轴缩放,如右图所示。

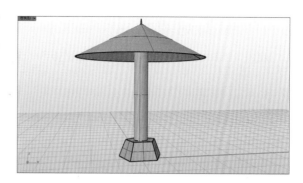

2.6.2 二轴缩放对象

调用二轴缩放命令的方式如下。

- 菜单:执行"变动>缩放>二轴缩放"命令。
- 按钮:单击"主要>缩放"工具栏中 按钮。
- 键盘命令:Scale2D。

在缩放对象操作中,最常用的操作是二轴缩放,当然也可以根据需要使用其他两种缩放方式。二轴缩放对象的具体操作方法介绍如下。

步骤01 打开如右图所示的实例文件,单击 按钮,调用二轴缩放命令。

步骤02 命令行提示为"选取要缩放的物件:"时,选取圆柱体。

步骤03 命令行提示为"选取要缩放的物件。按Enter完成:"时,按回车键。

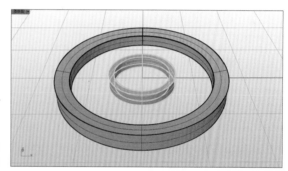

步骤04 命令行提示为"基点(复制(C)):"时,开启"物件锁点>中心点"和"四分点",指定基点A,如下左图所示。

步骤05 命令行提示为"缩放比或第一参考点<1.000>(复制(C)):"时,指定第一个参考点B,如下左图所示。

步骤06 命令行提示为"第二参考点(复制(C)):"时,指定第二个参考点C,完成圆柱体的二轴缩放,如下右图所示。

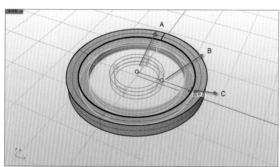
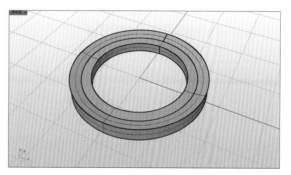

专家技巧:三轴缩放对象

调用三轴缩放对象命令的方式如下。

①菜单:执行"变动>缩放>三轴缩放"命令。②按钮:单击"主要>缩放"工具栏中 按钮。③键盘命令:Scale3D。

2.7 修剪对象

利用"修剪"命令可以修剪掉一个对象与另一个对象相交处内侧或外侧的部分。

2.7.1 修剪

调用"修剪"命令的方式如下。

● 菜单：执行"编辑>修剪"命令。

● 按钮：单击"主要"工具栏中 按钮。

● 键盘命令：Trim。

修剪对象的具体操作方法介绍如下。

步骤01 单击 按钮，调用"修剪"命令。

步骤02 命令行提示为"选取切割用物件(延伸直线(E)=否 视角交点(A)=否)："时，选取用于切割的曲线，如下左图所示。

步骤03 命令行提示为"选取切割用物件。按Enter完成(延伸直线(E) =否 视角(A) =是)："时，按回车键。

步骤04 命令行提示为"选取要修剪的物件(延伸直线(E) =否 视角交点(A) =否)："单击要修剪掉的部分曲面，如下右图所示。命令行提示为"选取要修剪的物件。按Enter完成(延伸直线(E) =否 视角交点(A) =是 复原(U))："时，按回车键。

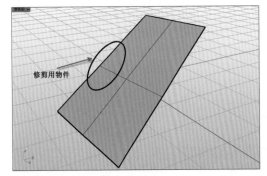
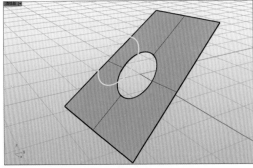

进阶案例 **创建饼状模型**

运用本章所学的知识创建如下左图所示的饼状三维模型，其效果图如下右图所示。其中涉及的命令主要包括偏移、镜像、修剪、圆柱体和挤出等。

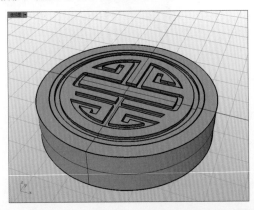
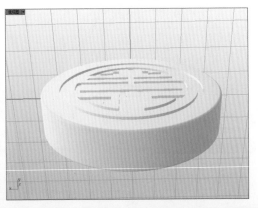

具体操作步骤如下。

01 单击 ◎ 按钮，调用"圆：中心点、半径"命令，在顶视图中绘制一个半径为30的圆，如下图所示。

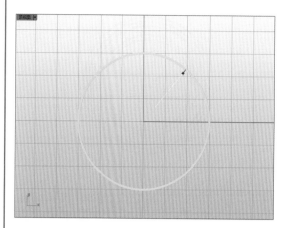

02 单击 ⟲ 按钮，调用"偏移"命令，向内偏移圆，偏移距离为2。将新得到的圆向内继续偏移，偏移距离为2，如下图所示。

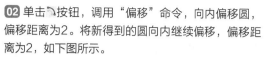
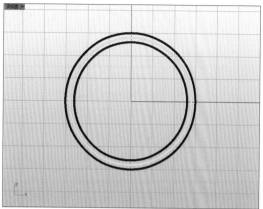

03 将新得到的圆向内偏移，偏移距离为4。随后，将新得到的圆再次向内偏移，偏移距离为2，如右图所示。

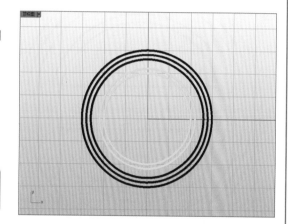

专家技巧：快速创建模型

这里偏移时也可以采用"圆：中心点、半径"方式绘制新圆。

04 单击 ▭ 按钮，调用"矩形：中心点、角"命令，开启"物件锁点>中心点"，将圆的中心点作为矩形中心点，绘制长为44，宽为10的矩形，如右图所示。

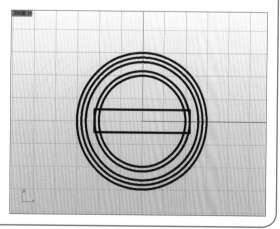

05 单击 ⤵ 按钮，调用"曲线圆角"命令，圆角半径设为2，如下图所示。

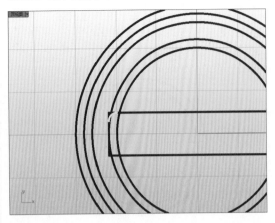

06 同样地，对另外三个角进行倒圆角，如下图所示。

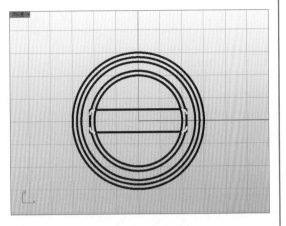

07 单击 ⤴ 按钮，调用"修剪"命令，修剪多余线条，如下图所示。

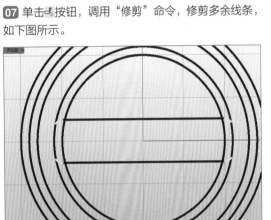

08 单击 ⤶ 按钮，调用"分割"命令，分割圆，如下图所示。

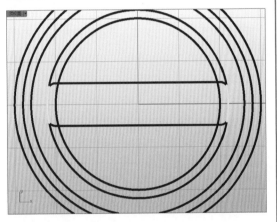

09 单击 ⬢ 按钮，调用"组合"命令，组合矩形剩余部分、圆角和分割的曲线，如下图所示。

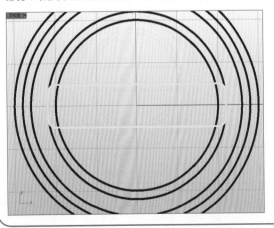

10 单击 ⤵ 按钮，调用"偏移"命令，将曲线向内偏移，距离为2，如下图所示。

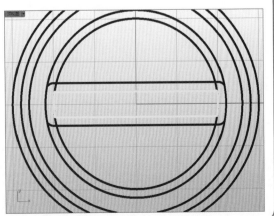

11 单击口按钮，调用"矩形：角对角"命令，分别绘制矩形1、矩形2、矩形3，宽度都为2，如下图所示。

12 单击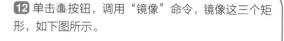按钮，调用"镜像"命令，镜像这三个矩形，如下图所示。

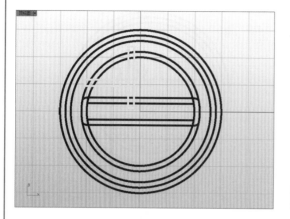

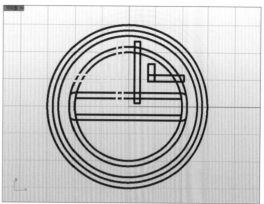

13 单击回按钮，调用"矩形：中心点、角"命令，以中线方向一点作为中心点，绘制长为40、宽为2的矩形，如下图所示。

14 单击回按钮，调用"矩形：中心点、角"命令，在图形中线上绘制宽度为2的矩形，如下图所示。

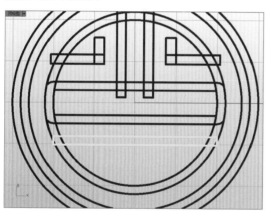

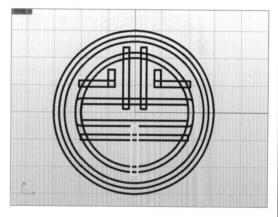

15 单击回按钮，调用"矩形：中心点、角"命令，以中线方向一点作为中心点，再绘制两个宽度为2的矩形，如下图所示。

16 单击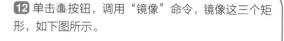按钮，调用"镜像"命令，镜像这两个矩形，如下图所示。

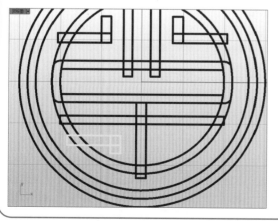

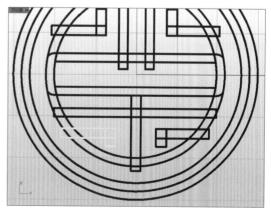

17 在顶视图中检查绘制的线框图，如下图所示。

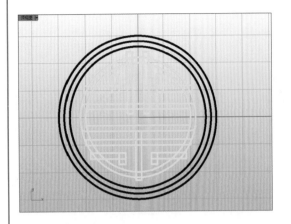

18 单击 ✎ 按钮，调用"修剪"命令，将图案多余线条修剪掉，如下图所示。

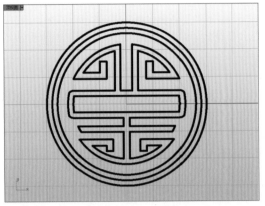

19 单击 ✎ 按钮，调用"组合"命令，组合这个图形成为两条封闭曲线，如下图所示。

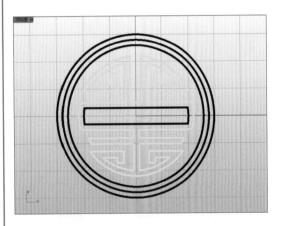

20 单击 ◎ 按钮，调用"以平面曲线建立曲面"命令，选择最外围的曲线圆，按回车键完成平面的创建，如下图所示。

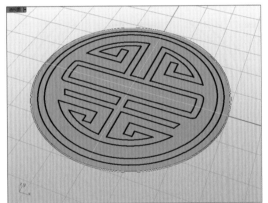

21 单击 ✎ 按钮，调用"分割"命令，根据图形分割面。单击 ◎ 按钮，调用"圆柱体"命令，开启"物件锁点>中心点"，创建半径为35，高度为15的圆柱体，如下图所示。

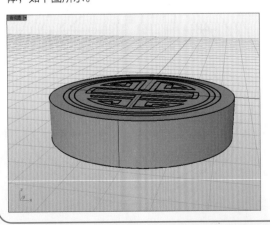

22 单击 ✎ 按钮，调用"挤出曲面"命令，选择要挤出的曲面部分，输入挤出距离为-1，如下图所示。

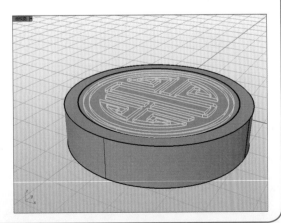

23 单击 按钮，调用"镜像"命令，开启"物件锁点>中点"，完成物件的镜像，如右图所示。

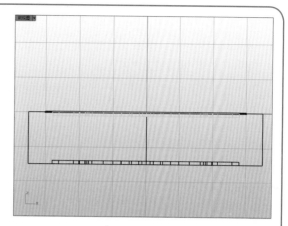

24 单击 按钮，调用"曲线圆角"命令，设置圆角半径为1，如右图所示。至此，完成该模型的绘制。

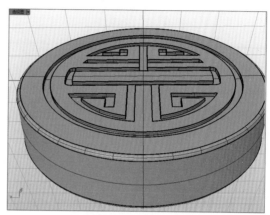

2.7.2 取消修剪

调用"取消修剪"命令的方式如下。

- 菜单：执行"曲面>曲面编辑工具>取消修剪"命令。
- 按钮：右击"主要"工具栏中 按钮。
- 键盘命令：Untrim。

取消修剪对象的具体操作方法介绍如下。

步骤01 右击 按钮，调用"取消修剪"命令。

步骤02 命令行提示为"选取要取消修剪的边缘(保留修剪物件(K)=否 全部(A)=否):"时，选取要取消修剪的对象边缘，如右图所示。

步骤03 命令行提示为"选取要取消修剪的边缘(保留修剪物件(K)=否 全部(A)=否 复原(U)):"时，按回车键。

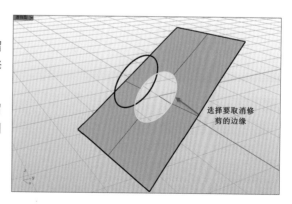

选择要取消修剪的边缘

2.8　分割对象

分割对象是将一个对象作为切割物将另一对象分割打断。

调用"分割"命令的方式如下。

● 菜单：执行"编辑>分割"命令。

● 按钮：单击"主要"工具栏中 按钮。

● 盘命令：Split。

分割对象的具体操作方法介绍如下。

步骤01 打开实例文件，单击 按钮，调用"分割"命令。

步骤02 命令行提示为"选取要分割的物件(点(P) 结构线(I))："时，选取要被分割的对象，如下图所示。

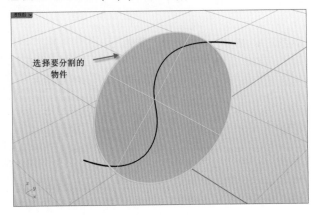

步骤03 命令行提示为"选取要分割的物件。按Enter完成(结构线(I))："时，按回车键。

步骤04 命令行提示为"选取切割用物件(结构线(I))："时，选取切割用的曲线，完成分割，如下图所示。

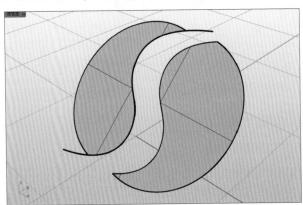

步骤05 命令行提示为"选取切割用物件。按Enter完成(结构线(I))："时，按回车键。

专家技巧："取消修剪"命令的应用

在绘图过程中，用户可以使用"取消修剪"命令删除曲面的修剪边界。

课后练习

一. 选择题

1.（ ）按钮可以还原修剪后的面。
 A. 🔧
 B. 🔩
 C. ⌐
 D. ⌐

2.（ ）是"镜像"命令按钮。
 A. ▦
 B. ⟭
 C. ▦
 D. ⌐

3. 工具栏中 ⊤ 按钮有（ ）作用。
 A. 连接曲线
 B. 切割曲线
 C. 合并曲线
 D. 修剪曲线

4. 在移动过程中，如果同时按住（ ）键，移动方向将限制为水平与垂直。
 A. Shift
 B. Ctrl
 C. Alt
 D. Tab

二. 填空题

1. 缩放命令包括_____、_____、_____和_____4种方式。

2. "曲线圆角"或"曲线斜角"命令选择的两条曲线可以是_____，也可以是_____。

3. 倒角是将两条曲线的交点之间用直线或圆弧连接起来。一般有两种倒角：一种是_____；另一种是_____。

三. 操作题

运用本章所学知识，练习创建如右图所示的闹钟模型。

提示 ▶操作提示

- 调用圆角矩形命令画出闹钟截面图；
- 调用"挤出曲面"命令，建立实体；
- 使用布尔差集运算创建闹钟面板；
- 创建时针、分针、秒针等零部件；
- 进行倒角操作，完善三维模型。

Chapter

03

绘制基础线

在学习三维绘图软件过程中，应从基本的二维命令开始，当然，学习Rhin0 5.0同样如此。本章将对点、线、曲线等二维绘图命令进行介绍，熟练掌握这些二维绘图命令，有助于学习复杂的三维建模命令。

知识要点

① 绘制点
② 绘制直线
③ 绘制曲线
④ 绘制圆
⑤ 绘制圆弧
⑥ 绘制椭圆
⑦ 绘制矩形
⑧ 绘制正多边形

上机安排

学习内容	学习时间
● 点的绘制	5分钟
● 线的绘制	20分钟
● 标准曲线的绘制	25分钟
● 自由曲线的绘制	35分钟
● 曲线的编辑	30分钟
● 绘制手机图形	15分钟

3.1 几何体类型

在Rhino中，几何体的类型与其他三维建模软件相似，分别是点、曲线、曲面、实体、多边形网格。

3.1.1 点

点在Rhino中常常被称为点物件，是最小单位的几何体。点物件应用范围非常广，在坐标系的任一位置都能绘制出点物件，其类型包括单点、多点、抽离点、最接近点、点云等，如右图所示。

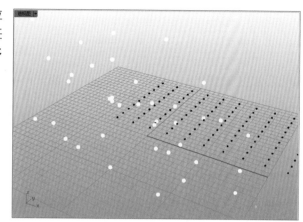

3.1.2 曲线

曲线是线条的一种形式，具有类似直线或弯曲线条的形态。在实际应用中，通过曲线接合能够创建出各种形状，不仅能够创建出封闭或半封闭的线条，还可以创建出曲面，并且曲线的属性决定着曲面的质量，如右图所示。

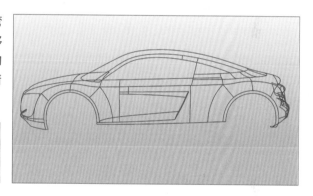

> **知识链接** **绘制好曲线的重要性**
> 在Rhino中绘制曲线是非常重要的操作，这是因为曲线是曲面的基础，曲线绘制好坏将直接影响着曲面的创建。

3.1.3 曲面

在Rhino中，曲面就像一块可伸展的橡皮板，一切曲面都是NURBS曲面，通过NURBS曲面，用户可创建从简单平面到自由形态的各种曲面。

曲面大体分为单曲面与多重曲面两类。顾名思义，单曲面是指那种单独曲面，而多重曲面则是由几块单独曲面相靠近并组合在一起形成的曲面，如右图所示。

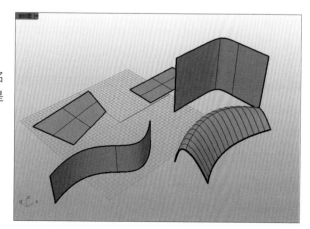

3.1.4 实体

在Rhino中，实体大致分为两种，一种是由单曲面构成的实体，另一种是由多重曲面构成的实体。球体、环状体、椭圆体等都是单曲面实体，开启控制点，用户能够通过拖动或移动控制点改变曲面的形状，使单曲面实体的外形发生变化。

多重曲面实体无法打开它的控制点，编辑前，需要将多重曲面炸开为单曲面，然后通过单曲面的控制点来改变它的形状，之后再把各个曲面组合到一起，形成一个实体。在实体工具中，立方体、圆柱体、棱锥体等都是多重曲面实体，如右图所示。

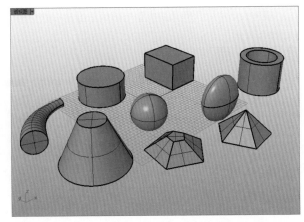

3.1.5 多边形网格物件

多边形网格物件是由多个多边形面构成组合体。在进行渲染或保存为STL文件制作RP原型时，需要把物体转换成网格结构进行保存，这样才能制作出三维实物。

从Rhino 4.0版本开始，软件内置了基本的网格形状与可进行二次编辑的网格工具，还支持网格剪切、网格分割、网格偏移等操作，这进一步拓展了Rhino的应用领域。右图为不同多边形实体。

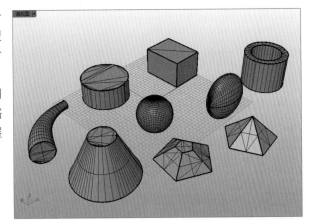

3.2 绘制点

点的类型包括单点、多点、抽离点、最接近点、点云等，但最常用的为"单点"、"多点"和"点格"命令。

3.2.1 单点

调用"单点"命令的方式如下。
- 菜单：执行"曲线>点物件>单点"命令。
- 按钮：单击"主要"工具栏中■按钮。
- 键盘命令：Point。

绘制单点的具体操作方法介绍如下。

步骤01 单击■按钮，调用"单点"命令，如下左图所示。

步骤02 命令行提示为"点物件的位置："时，在命令行中输入坐标值后按回车键，或直接单击指定点。

步骤03 在顶视图中，设置坐标值(0,0)，如下右图所示。

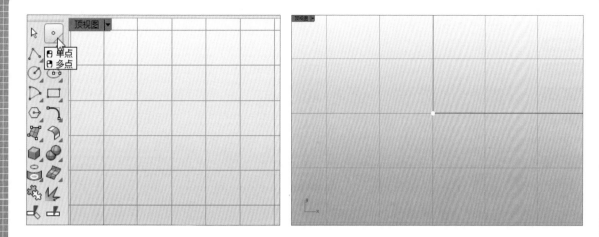

3.2.2　多点

调用"多点"命令的方式如下。

● 菜单：执行"曲线>点物件>多点"命令。

● 按钮：单击"标准>点"工具栏中█按钮。

● 键盘命令：Points。

绘制多点的具体操作方法介绍如下。

步骤01 单击█按钮，调用"多点"命令，如下左图所示。

步骤02 命令行提示为"点物件的位置："时，在命令行中输入点的坐标值后按回车键。

步骤03 命令行提示为"点物件的位置："时，在命令行中输入下一点的坐标值后按回车键。

……

步骤 n 命令行提示为"点物件的位置："时，按回车键，如下右图所示。

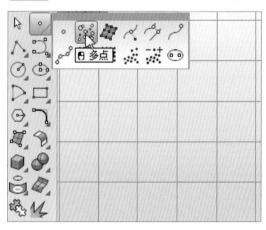
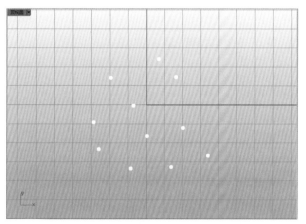

3.2.3　点格

利用"点格"命令可以建立矩形的点对象阵列。

调用"点格"命令的方式如下。

● 菜单：单击"标准>点"工具栏中▦按钮。

● 键盘命令：PointGrid。

绘制点格的具体操作方法介绍如下。

步骤01 单击▦按钮，调用"点格"命令。

步骤02 命令行提示为"X方向的点数<10>："时，在命令行中输入5，按回车键。

步骤03 命令行提示为"Y方向的点数<10>："时，在命令行中输入5，按回车键。

步骤04 命令行提示为"点格的第一角(三点(P) 垂直(V) 中心点(C))："时，在顶视图中单击，确定点格的第一个角。

步骤05 命令行提示为："另一角或长度(三点(P))："时，单击指定另外一个角，最后按回车键确认，如下右图所示。

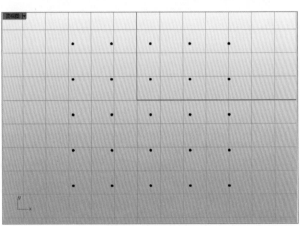

知识链接 **"点格"命令行中各选项含义**

- 三点(P)：指定两个相邻的角点和对边上的一点，绘制矩形点阵列。
- 垂直(V)：绘制一个与工作平面垂直的矩形点阵列。
- 中心点(C)：指定中心点和一角点或长度，绘制矩形点阵列。

3.3 绘制直线

在图形的绘制中，直线是最常用的命令之一。下面将分别讲解直线、多重直线、角度等分直线的绘制。

3.3.1 直线

调用直线命令的方式如下。

- 菜单：执行"曲线>直线>单一直线"命令。
- 按钮：单击"标准>直线"工具栏中☑按钮。
- 键盘命令：Line。

绘制直线的具体操作方法介绍如下。

步骤01 单击☑按钮，调用"直线"命令。

步骤02 命令行提示为"直线起点(法线(N) 指定角度(A) 与工作平面垂直(V) 四点(F) 角度等分线(B) 与曲线垂直(P) 与曲线相切(T) 延伸(E) 两侧(O))："时，在命令行中输入第一个点的坐标值(0,0)，按回车键。

步骤03 命令行提示为"直线终点(两侧(B))："时，输入第二点的坐标值(5,8)，最后按回车键确认，如下图所示。

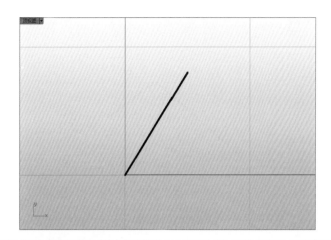

> **知识链接** "单一直线"命令行中各选项含义
>
> ● 法线(N)：绘制一条与曲面垂直的直线。
> ● 指定角度(A)：绘制一条与基准线成指定角度的直线。
> ● 与工作平面垂直(V)：绘制一条与工作平面垂直的直线。
> ● 四点(F)：指定两个点确定直线的方向，再指定两个点绘制直线。
> ● 角度等分线(B)：以指定的角度绘制出一条角度等分线。
> ● 与曲线垂直(P)：绘制出一条与其他曲线垂直的直线。
> ● 与曲线相切(T)：绘制出一条与其他曲线相切的直线。
> ● 延伸(E)：选取一条曲线（或直线）并指定直线的终点（或输入距离），以延伸该曲线切线方向（或直线）绘制直线。
> ● 两侧(O)：在起点的两侧绘制直线。

3.3.2 多重直线

调用多重直线命令的方式如下。
● 菜单：执行"曲线>多重直线"命令。
● 按钮：单击"标准"工具栏中△按钮。
● 键盘命令：Polyline。
绘制多重直线的具体操作方法介绍如下。

步骤01 单击△按钮，调用"多重直线"命令。

步骤02 命令行提示为"多重直线起点："时，在命令行中输入第一个点的坐标值(0,0)，按回车键。

步骤03 命令行提示为"多重直线的下一点(模式M＝直线　导线(H)＝否　复原(U))"时，输入第二点的坐标值(7,6)后按回车键。

> **专家技巧：巧妙选择命令行中选项**
>
> 命令行中的选项可以输入关键字母，随后按回车键来进行选择，也可以单击该选项进行选择。绘制直线段时，若单击命令行中的"模式(M)＝直线"，则"模式(M)＝直线"将会改变成"模式(M)＝圆弧"，此时可以在多线段端点绘制出圆弧。

步骤04 命令行提示为"多重直线的下一点。按Enter完成(模式(M)＝直线　导线(H)＝否　长度(L)　复原(U))："时，输入第三点的坐标值(@4,-3)后按回车键。

步骤05 命令行提示为"多重直线的下一点，Enter完成(封闭(C)　模式(M)＝直线　导线(H)＝否　长度(L)　复原(U))："时，按回车键确认，如下图所示。

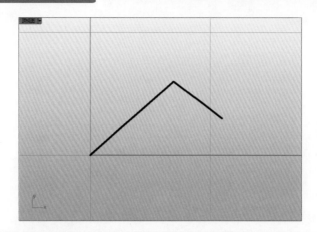

知识链接 **"多重直线"命令行中各选项含义**

● 复原(U)：绘制曲线时取消最后一个指定的点。

● 封闭(C)：使曲线封闭。

进阶案例 从中点构线

下面将介绍如何从中点绘制直线，具体操作方法如下。

01 单击 按钮，调用"直线：从中点"命令。

02 命令行提示为"直线中点(法线(N) 指定角度(A) 与工作平面垂直(V) 四点(F) 角度等分线(B) 与曲线垂直(P) 与申线相切(T) 延伸(E))："时，在命令行中输入直线中点的坐标值，按回车键确认。

03 命令行提示为"直线终点："时，输入直线终点的坐标值，按回车键确认，如下图所示。

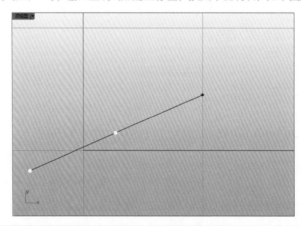

进阶案例 角度等分直线

下面将介绍如何绘制角度等分直线，具体的操作方法如下。

01 单击 按钮，调用"直线：角度等分线"命令。

02 命令行提示为"角度等分线起点："时，指定角度等分线的起点，捕捉点A。

03 命令行提示为"要等分的角度起点："时，指定起始角度线，捕捉点B。

04 命令行提示为"要等分的角度终点："时，指定终止角度线，捕捉点C，如下左图所示。

05 命令行提示为"直线终点(两侧(B))："时，指定直线的终点，完成图形如下右图所示。

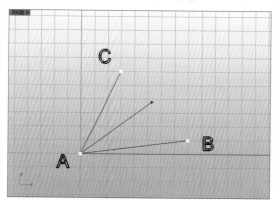 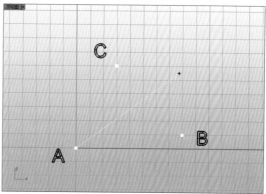

专家技巧：绘图时的操作要领

在绘制该类直线时，应开启"物件锁点>端点"功能。

3.4 绘制标准曲线

下面将介绍绘制圆、椭圆、圆弧、矩形以及正多边形的方法。

3.4.1 圆

圆的绘制方法有很多，最常用的有指定圆心和半径画圆，指定直径两端点画圆和指定三点画圆。

1. 指定圆心和半径

调用命令的方式如下。

● 菜单：执行"曲线>圆>中心点、半径"命令。

● 按钮：单击"标准>圆"工具栏中◎按钮。

● 键盘命令：Circle。

此种方式绘制圆的具体操作方法介绍如下。

步骤01 单击◎按钮，调用"圆：中心点、半径"命令。

步骤02 在绘图区中单击，指定一点作为圆心。

步骤03 命令行提示为"半径<1>(直径(D))："时，输入半径为28，按回车键确认，如右图所示。

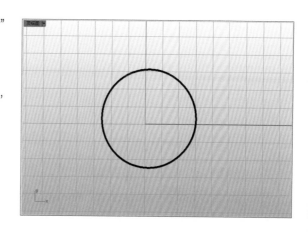

2. 指定直径两端点

调用命令的方式如下。

- 菜单：执行"曲线>圆>两点"命令。
- 按钮：单击"标准>圆"工具栏中◎按钮。
- 键盘命令：Circle。

此种方式绘制圆的具体操作方法介绍如下。

步骤01 单击◎按钮，调用"圆：直径"命令。

步骤02 命令行提示为"直径起点(垂直(V))："时，在命令行中输入第一点的坐标值(0,0)，按回车键。

步骤03 命令行提示为"直径终点(垂直(V))："时，输入第二点的坐标值(10,7)，按回车键，如右图所示。

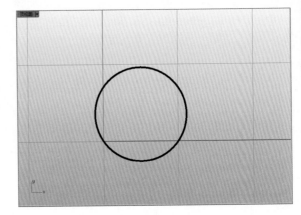

3. 指定三点

调用命令的方式如下。

- 菜单：执行"曲线>圆>三点"命令。
- 按钮：单击"标准>圆"工具栏中◎按钮。
- 键盘命令：Circle。

利用三点命令绘制圆的具体操作方法介绍如下。

步骤01 单击◎按钮，调用"圆：三点"命令。

步骤02 命令行提示为"第一点："时，单击确定圆上第1点。

步骤03 命令行提示为"第二点："时，单击确定圆上第2点。

步骤04 命令行提示为"第三点："时，单击确定圆上第3点，如右图所示。

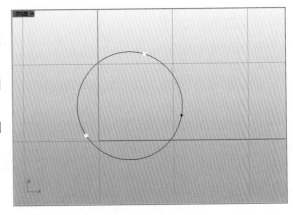

3.4.2　椭圆

指定中心点、指点端点和指定焦点是画椭圆最常用的三种方式，详细介绍如下。

1. 指定中心点

已知椭圆中心点和第一轴终点和第二轴终点即可绘制椭圆。

调用命令的方式如下。

- 菜单：执行"曲线>椭圆>从中心点"命令。

- 按钮：单击"标准"工具栏中◎按钮。
- 键盘命令：Ellipse。

此种方式绘制椭圆的具体操作方法介绍如下。

步骤01 单击◎按钮，调用"椭圆：从中心点"命令。

步骤02 命令行提示为"椭圆中心点(可塑形的(D)：垂直(V) 角(C) 直径(I) 从焦点(F) 环绕曲线(A))："时，输入椭圆中心点坐标(0,0)，按回车键。

步骤03 命令行提示为"第一轴终点："时，输入椭圆长轴的端点坐标(30,0)，按回车键。

步骤04 命令行提示为"第二轴终点："时，输椭圆短轴的端点坐标(0,20)，按回车键，完成椭圆的绘制，如右图所示。

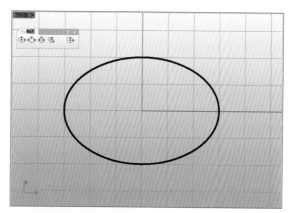

知识链接 **"椭圆：从中心点"命令行中各选项含义**

- 可塑形的(D)：以指定的阶数与控制点数绘制形状近似的NURBS曲线。
- 垂直(V)：以中心点及两个轴绘制一个与工作平面垂直的椭圆。
- 角(C)：以一个矩形的对角绘制一个椭圆。
- 直径(I)：指定轴线的端点绘制一个椭圆。
- 从焦点(F)：指定椭圆的两个焦点及通过点绘制一个椭圆。

2. 指定直径

已知椭圆第一轴起点和终点及第二轴终点，即可绘制椭圆。

调用命令的方式如下。

- 菜单：执行"曲线>椭圆>直径"命令。
- 按钮：单击"标准>椭圆"工具栏中◎按钮。

此种方式绘制椭圆的具体操作方法介绍如下。

步骤01 单击◎按钮，调用"椭圆：直径"命令。

步骤02 命令行提示为"第一轴起点(垂直(V))："时，指定第一轴的起点。

步骤03 命令行提示为"第一轴终点："时，指定第一轴的终点。

步骤04 命令行提示为"第二轴终点："时，指定另一轴的终点，完成圆弧的绘制，如右图所示。

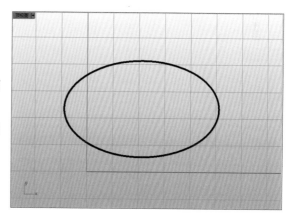

3. 指定焦点

已知椭圆第一焦点、第二焦点和椭圆的通过点即可绘制椭圆。

调用命令的方式如下。

- 菜单：执行"曲线>椭圆>从焦点"命令。
- 按钮：单击"标准>椭圆"工具栏中◎按钮。

此种方式绘制椭圆的具体操作方法介绍如下。

步骤01 单击 按钮，调用"椭圆：从焦点"命令。

步骤02 在视图中单击确认椭圆中心点，随后确定第一轴终点。

步骤03 命令行提示为"第二焦点(标示焦点(M) = 否):"时，指定第二焦点，按回车键。

步骤04 命令行提示为"椭圆上的点(标示焦点(M) = 否):"时，指定椭圆的通过点，完成椭圆的绘制，如右图所示。

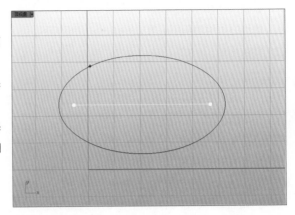

除了上述操作外，还有其他绘制椭圆的方法，绘制方法是由以上方法变化而来的，这里不再赘述，读者可以自行尝试绘制。

> **知识链接** "椭圆：直径"命令行中各选项含义
>
> 标示焦点(M)：选择"是"，在焦点的位置放置点对象，则绘制的椭圆能清楚显示焦点的位置。

3.4.3 圆弧

圆弧的绘制和AutoCAD软件中的绘制方法极为相似，下面我们介绍常用的几种方法。

1. 指定中心点、起点和角度

调用命令的方式如下。

● 菜单：执行"曲线>圆弧>中心点、起点、角度"命令。
● 按钮：单击"标准"工具栏中 按钮。
● 键盘命令：Arc。

利用"中心点、起点、角度"命令绘制圆弧的具体操作方法介绍如下。

步骤01 单击 按钮，调用"圆弧：中心点、起点、角度"命令。

步骤02 命令行提示为"圆弧中心点(可塑形的(D) 起点(S) 相切(T) 延伸(E)):"时，输入圆弧的圆心坐标(0,0)，按回车键。

步骤03 命令行提示为"圆弧起点(倾斜(T)):"时，指定点A为圆弧起点。

步骤04 命令行提示为"终点或角度:"时，输入圆弧所对的圆心角的数值为-60，或者指定点B为圆弧终点，完成圆弧的绘制，如右图所示。

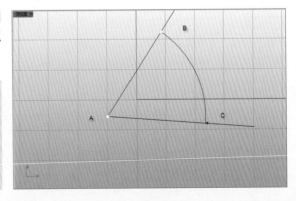

> **知识链接** "圆弧：中心点、起点、角度" 命令行中各选项含义
>
> ● 可塑形的(D)：绘制近似圆弧的NURBS曲线。
> ● 起点(S)：指定起点、终点及圆弧的通过点绘制圆弧。
> ● 相切(T)：以指定的半径绘制与两条曲线相切的圆弧。
> ● 延伸(E)：以圆弧延伸曲线。

2. 指定起点、终点和通过点

调用命令的方式如下。

● 菜单：执行"曲线>圆弧>起点、终点、通过点"命令。

● 按钮：单击"标准>圆弧"工具栏中🔘按钮。

利用"起点、终点、通过点"命令绘制圆弧的具体操作方法介绍如下。

步骤01 单击🔘按钮，调用"圆弧：起点、终点、通过点"命令。

步骤02 命令行提示为"圆弧起点："时，指定点A为圆弧起点。

步骤03 命令行提示为"圆弧终点(方向(D) 通过点(T))："时，指定点B为圆弧终点。

步骤04 命令行提示为"圆弧上的点(方向(D) 半径(R))："时，指定点C为圆弧通过点，完成圆弧的绘制。如右图所示。

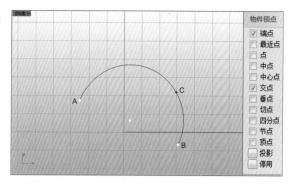

3. 指定起点、终点和起点的方向

调用命令的方式如下。

● 菜单：执行"曲线>圆弧>起点、终点、起点的方向"命令。

● 按钮：单击"标准>圆弧"工具栏中🔘按钮。

利用"起点、终点、起点的方向"命令绘制圆弧的具体操作方法介绍如下。

步骤01 单击🔘按钮，调用"圆弧：起点、终点、起点的方向"命令。

步骤02 命令行提示为"圆弧起点："时，指定点A为圆弧起点。

步骤03 命令行提示为"圆弧终点(方向(D) 通过点(T))："时，指定点B为圆弧终点。

步骤04 命令行提示为"起点的方向："时，指定点C，确定圆弧起点的切线方向，完成圆弧的绘制，如右图所示。

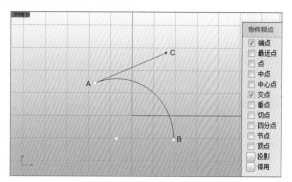

3.4.4 矩形

很多机械部件、产品结构的绘制都含有矩形的绘制，下面将详细讲解几种常用的绘制方法。

1. 指定角和对角

调用命令的方式如下。

● 菜单：执行"曲线>矩形>角对角"命令。

● 按钮：单击"主要"工具栏中🔲按钮。

● 键盘命令：Rectangle。

此种方式绘制矩形的具体操作方法介绍如下。

步骤01 单击▢按钮，调用"矩形：角对角"命令。

步骤02 命令行提示为"矩形的第一角(三点(P) 垂直(V) 中心点(C) 圆角(R))："时，输入矩形一个角的顶点坐标(0,0)，按回车键。

步骤03 命令行提示为"其他角或长度(圆角(R))："时，输入另一点坐标(17,27)，按回车键完成矩形的绘制，如右图所示。

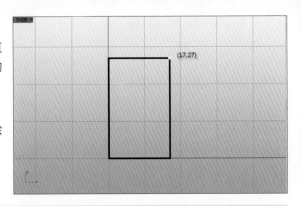

知识链接 ▸ "矩形：角对角"命令行中各选项含义

● 三点(P)：指定两个相邻的角点和对边上的一点绘制矩形。
● 垂直(V)：绘制一个与工作平面垂直的矩形。
● 中心点(C)：指定中心点和一角点或长度绘制矩形。
● 圆角(R)：指定圆角的半径绘制一带圆角的矩形。

2. 指定中心点和角

调用命令的方式如下。

● 菜单：执行"曲线>矩形>中心点、角"命令。
● 按钮：单击"标准>矩形"工具栏中▢按钮。

此种方式绘制矩形的具体操作方法介绍如下。

步骤01 单击▢按钮，调用"矩形：中心点、角"命令。

步骤02 命令行提示为"矩形中心点(圆角(R))："时，指定矩形中心点O。

步骤03 命令行提示为"其他角或长度(圆角(R))："时，指定矩形其他角点A，或输入长度，完成矩形的绘制，如右图所示。

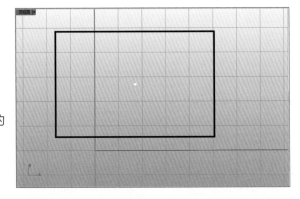

3. 指定三点

指定矩形一条边的起点和终点及对边上的一点绘制矩形。

调用命令的方式如下。

● 菜单：执行"曲线>矩形>三点"命令。
● 按钮：单击"标准>矩形"工具栏中▢按钮。

利用"三点"命令绘制矩形的具体操作方法介绍如下。

步骤01 单击▢按钮，调用"矩形：三点"命令。

步骤02 命令行提示为"边缘起点(圆角(R))："时，指定矩形一条边的起点A。

步骤03 命令行提示为"边缘终点(圆角(R))："时，指定矩形一条边的终点B。

步骤04 命令行提示为"宽度。按Enter套用长度(圆角(R)):"时,指定矩形对边上的一点,输入宽度,完成矩形的绘制,如右图所示。

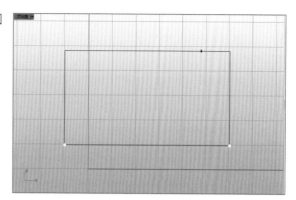

进阶案例 绘制圆角矩形

下面将根据圆角矩形命令绘制矩形,具体的操作方法如下。

01 单击 按钮,调用"圆角矩形"命令。

02 命令行提示为"矩形的第一角(三点(P) 垂直(V) 中心点(C)):"时,输入矩形第一个角的坐标(0,0),按回车键。

03 命令行提示为"其他角或长度:"时,输入矩形另一个角的坐标(35,25),按回车键。

04 命令行提示为"半径或圆角通过的点<2.0>(角(C)=圆弧):"时,输入圆角的半径6,按回车键完成矩形的绘制,如右图所示。

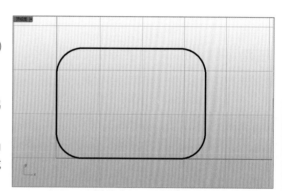

知识链接 "圆角矩形"命令行中各选项含义
- 三点(P): 以两个相邻的角和对边上的一点绘制矩形。
- 垂直(V): 绘制一个与工作平面垂直的矩形。
- 中心点(C): 从中心点绘制矩形。

3.4.5　正多边形

利用多边形命令可以绘制不同边数的图形,有效解决多面物体的绘制。下面将对正多边形的绘制操作进行介绍。

1. 指定中心点和半径

调用命令的方式如下。
- 菜单: 执行"曲线>多边形>中心点、半径"命令。
- 按钮: 单击"标准"工具栏中 按钮。
- 键盘命令: Polygon。

利用"中心点、半径"命令绘制正多边形的具体操作方法介绍如下。

步骤01 单击 按钮,调用"多边形: 中心点、半径"命令。

步骤02 命令行提示为"内接多边形中心点(边数(N)=5 外切(C) 边(E) 星形(S) 垂直(V) 环绕曲线(A)):"输入多边形中心点的坐标值(0,0),按回车键。

步骤03 命令行提示为"多边形的角(边数(N)=5):"时，指定正多边形一个顶点A，完成正多边形的绘制，如右图所示。

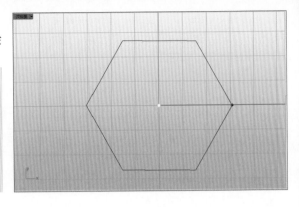

知识链接 "多边形：中心点、半径"命令行中各选项含义

- 外切(C)：指定内切圆的半径和正多边形边的中点，绘制正多边形。
- 边(E)：以一条边的方式绘制正多边形。
- 星形(S)：绘制星形。
- 垂直(V)：绘制一个与工作平面垂直的正多边形。
- 环绕曲线(A)：绘制一个与曲线垂直的正多边形。

2. 指定边

调用命令的方式如下。

- 菜单：执行"曲线>多边形>以边"命令。
- 按钮：单击"标准>多边形"工具栏中◎按钮。

利用"以边"命令绘制正多边形的具体操作方法介绍如下。

步骤01 单击◎按钮，调用"多边形：以边"命令。

步骤02 命令行提示为"边缘起点(边数(N)=5 垂直(V)):"时，指定正多边形一条边的起点A。

步骤03 命令行提示为"边缘终点(边数(N)−5 垂直(V)):"时，指定正多边形一条边的终点B，完成正多边形的绘制，如右图所示。

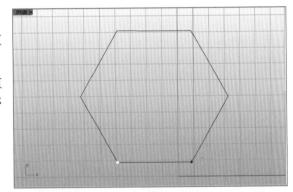

3.5 绘制自由曲线

绘制曲线是Rhino建模中使用最频繁的操作之一，尤其是控制点曲线的绘制。

3.5.1 控制点曲线

调用命令的方式如下。

- 菜单：执行"曲线>自由造型>控制点"命令。
- 按钮：单击"主要>曲线工具"工具栏中◻按钮。
- 键盘命令：Curve。

绘制控制点曲线的具体操作方法如下。

步骤01 单击◻按钮，调用"控制点曲线"命令。

步骤02 命令行提示为"曲线起点(阶数(D)=3):"时，在命令行中输入第1点的坐标值(0,0)，按回车键。

步骤03 命令行提示为"下一点(阶数(D)=3 复原(U)):"时，输入第2点的坐标值(5,10)，按回车键。

步骤04 命令行提示为"下一点。按Enter完成(阶数(D)=3 复原(U)):"时，输入第3点的坐标值(15,10)，按回车键。

步骤05 命令行提示为："下一点。按Enter完成(阶数(D)=3 封闭(C) 尖锐封闭(S)=否 复原(U))"时，按回车键确认，完成曲线的绘制，如右图所示。

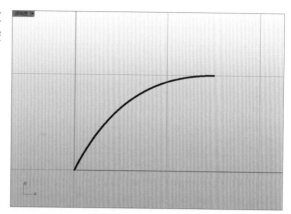

- 阶数(D)：绘制的曲线的阶数最大可以设为11，所绘制的曲线的控制点数必须比设置的阶数大1或以上，绘制的曲线才会是所设置阶数。
- 尖锐封闭(S)：封闭曲线时，若"尖锐封闭"选项设为"是"，则绘制的是起点或终点为锐角的曲线，而非平滑的。
- 复原(U)：绘制曲线时取消最后一个指定的点。
- 封闭(C)：使曲线封闭。

3.5.2　内插点曲线

调用命令的方式如下。

- 菜单：执行"曲线>自由造型>内插点"命令。
- 按钮：单击"主要>曲线工具"工具栏中□按钮。
- 键盘命令：InterpCrv。

绘制内插点曲线的具体操作步骤如下。

步骤01 单击□按钮，调用"内插点曲线"命令。

步骤02 命令行提示为"曲线起点(阶数(D)=3 节点(K)＝弦长 起点相切(S))："时，在命令行中输入第1点的坐标值(0,0)，按回车键。

步骤03 命令行提示为"下一点(阶数(D)=3　节点(K)＝弦长 终点相切(E) 复原(U))："时，输入第2点的坐标值(8,8)，按回车键。

步骤04 命令行提示为"下一点。按Enter键完成(阶数(D)=3 节点(K)＝弦长 终点相切(E) 复原(U))："时，输入第3点的坐标值(27,15)，按回车键。

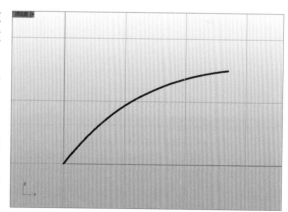

步骤05 命令行提示为"下一点。按Enter完成(阶数(D)=3 节点(K)＝弦长 终点相切(E) 封闭(C) 尖锐封闭(S)＝否 复原(U))："时，按回车键，完成曲线的绘制，如右图所示。

- 起点相切(S)：绘制出起点与其他曲线相切的曲线。
- 终点相切(E)：绘制出终点与其他曲线相切曲线。

3.5.3 控制杆曲线

利用"控制杆曲线"命令可以绘制贝赛尔曲线。

命令的调用方式如下。

- 菜单：执行"曲线>自由造型>控制杆曲线"命令。
- 按钮：单击"主要>曲线工具"工具栏中 按钮。
- 键盘命令：HandleCurve。

在使用该命令绘图时，按住Ctrl键可以移动最后一个曲线点的位置，释放Ctrl键可继续放置控制杆点。对于Rhino的初级用户，很难一次性完成精致的绘图，可以在曲率大的位置多增加几个点，在曲率小的位置适当减少点。如果点的位置不对，可以按U键，再按回车键，返回到上一步。

进阶案例 绘制个性曲线

下面将介绍绘制控制杆曲线的方法，具体操作步骤如下。

01 单击 按钮，调用"控制杆曲线"命令。

02 命令行提示为"曲线点：" 时，指定曲线起始的第1点。

03 命令行提示为"控制杆位置：" 时，在视图中根据需要移动控制杆，单击以确认。

04 命令行提示为"下一个曲线点：" 时，指定第2个点。

05 命令行提示为"控制杆位置。按Alt键建立锐角点，按Control键移动曲线点(复原(U))：" 时，在视图中根据需要移动控制杆，单击以确认。

……

n 命令行提示为"下一个曲线点(复原(U))：" 时，按回车键，完成曲线的绘制，如下图所示。

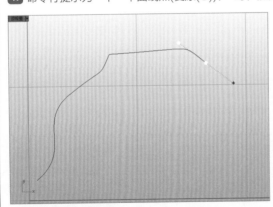 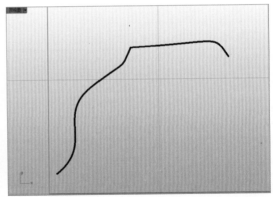

专家技巧：调整曲线

若对完成的曲线不满意，可以单击 按钮，调用"开启编辑点"命令，对图形上的编辑点进行调整。

3.6 编辑曲线

完成曲线的绘制后，还可以根据需要对曲线进行重新编辑，下面将对常见的编辑操作进行介绍。

3.6.1 偏移曲线

利用"偏移曲线"命令可以将曲线按指定距离偏移复制。

调用命令的方式如下。

● 菜单：执行"曲线>偏移>偏移曲线"命令。

● 按钮：单击"主要>曲线工具"工具栏中🖱按钮。

● 键盘命令：Offset。

偏移曲线的具体操作方法介绍如下。

步骤01 单击🖱按钮，调用"偏移曲线"命令。

步骤02 命令行提示为"选取要偏移的曲线(距离(D)=0.1 角(C)=尖锐 通过点(T) 公差(O)=0.001 两侧(B))："时，选择偏移曲线，如下左图所示。

步骤03 命令行提示为"偏移侧(距离(D)=0.1 角(C)=尖锐 通过点(T) 公差(O)=0.001 两侧(B))："时，输入D，按回车键。

步骤04 命令行提示为："偏移距离<0.1>："时，输入5，按回车键。

步骤05 命令行提示为："偏移侧(距离(D)=5 角(C)=尖锐 通过点(T) 公差(O)=0.01 两侧(B))："时，单击以确定法线方向，完成偏移曲线，如下右图所示。

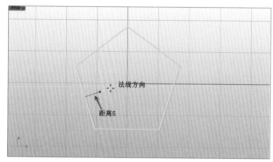
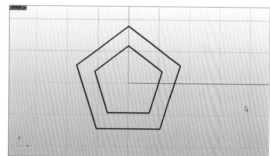

3.6.2 连接曲线

利用"连接曲线"命令可以延伸或修剪两条曲线，使两条曲线的端点相接。

调用命令的方式如下。

● 菜单：执行"曲线>连接曲线"命令。

● 按钮：单击"主要>曲线工具>延伸"工具栏中🔧按钮。

● 键盘命令：Connect。

连接曲线的具体操作方法介绍如下。

步骤01 单击🔧按钮，调用"连接曲线"命令。

步骤02 命令行提示为："选取要延伸相交的第一条曲线(组合(J) =是 圆弧延伸方式(E)=圆弧)："时，选取第一条曲线，如右图所示。

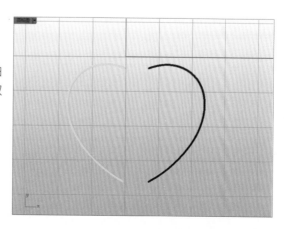

步骤03 命令行提示为："选取要延伸相交的第二条曲线(组合(J) =是 圆弧延伸方式(E) =圆弧):"时，选取第二条曲线，完成连接，如下左图所示。

步骤04 采用相同的方法，完成心形图形的制作，其效果如下右图所示。

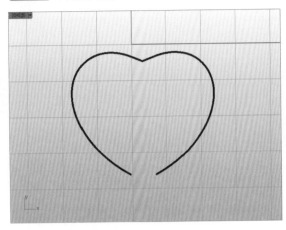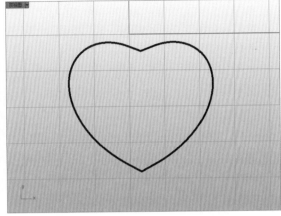

3.6.3 延伸曲线

"延伸曲线"命令用于将曲线延伸至选定的边界。

调用命令的方式如下。

- 菜单：执行"曲线>延伸曲线>延伸曲线"命令。
- 按钮：单击"主要>曲线工具"工具栏中━ 按钮。
- 键盘命令：Extend。

延伸曲线的具体操作方法介绍如下。

步骤01 单击━ 按钮，调用"延伸曲线"命令。

步骤02 命令行提示为"选取边界物体或输入延伸长度，按Enter使用动态延伸:"时，选取五边形，如下左图所示。

步骤03 命令行提示为"选取边界物体，按Enter完成:"，按回车键。

步骤04 命令行提示为"选取要延伸的曲线(类型(T) =原本的):"时，选取要延伸的曲线。

步骤05 选取要延伸的曲线，即直接完成曲线延伸，延伸的方式可按圆曲率延伸，也可直线延伸，如下右图所示。

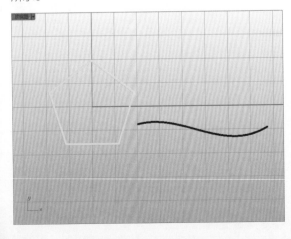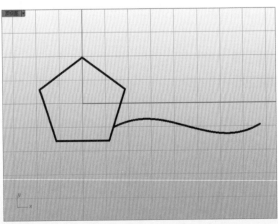

进阶案例 曲线圆角

　　"曲线圆角"命令用于将两条曲线的交点之间用圆弧连接起来。若圆角的半径太大，或曲线在建立圆角处可能不在同一平面上，将无法建立曲线圆角。曲线圆角的具体操作方法介绍如下。

01 单击 ⏋ 按钮，调用"曲线圆角"命令。

02 命令行提示为"选取要建立圆角的第一条曲线(半径(R)=0.5 组合(J)=否　修剪(T)=是　圆弧延伸方式(E)=圆弧)："时，输入R，按回车键。

03 命令行提示为"圆角半径<0.5>："时，输入3，按回车键。

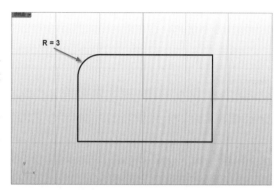

04 命令行提示为"选取要建立圆角的第一条曲线(半径(R)=3 组合(J)=否　修剪(T)=是　圆弧延伸方式(E)=圆弧)："时，选择第一条曲线。

05 命令行提示为"选取要(半径(R)=3 组合=否　修剪(T)=是　圆弧延伸方式(E)=圆弧)："时，选择第二条曲线，如右图所示。

知识链接 "曲线圆角"命令行中各选项含义

● 半径(R)：通过输入数值确定连接圆弧的半径。
● 组合(J)：选择"是"，圆角后的曲线将组合起来。
● 修剪(T)：选择"是"，则圆角完成后，自动删除原曲线；选择"否"，则圆角完成后，保留原曲线，如右图所示。

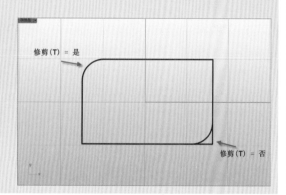

进阶案例 曲线斜角

　　"曲线斜角"命令用于将两条曲线的交点用直线连接起来。曲线斜角的具体操作方法介绍如下。

01 单击 ⏋ 按钮，调用"曲线斜角"命令。

02 命令行提示为"选取要建立斜角的第一条曲线(距离(D)=1.1 组合(J)=否　修剪(T)=是　圆弧延伸方式(E)=直线)："时，选择第一条曲线，如右图所示。

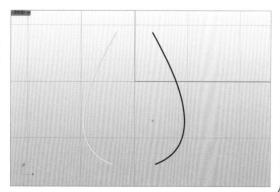

03 命令行提示为"选取要建立斜角的第二条曲线（距离(D)=1 组合(J)=否 修剪(T)=是 圆弧延伸方式(E)=直线)："时，选择第二条曲线，如右图所示。

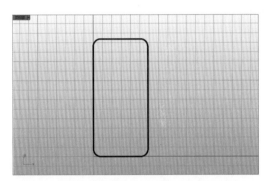

知识链接 "曲线斜角"命令行中各选项含义

距离(D)：即两条曲线交点至修剪点的距离。距离值可以相等，也可以不相等。

进阶案例 绘制iPhone手机图形

下面将运用所学的知识绘制一个iPhone手机二维图。基本思路是依次绘制机身、Home键、屏幕、摄像头以及其他按钮。具体操作步骤如下。

01 绘制圆角矩形，第一点为(0,0)，第二点为(58.6,123.8)，圆角半径为8，如右图所示。

02 使用"偏移曲线"命令，将圆角矩形向内偏移1.4，如右图所示。

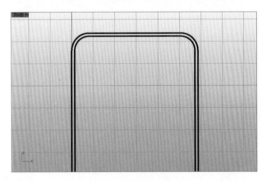

03 绘制Home键：使用"中心点、半径"命令绘制圆，中心点坐标为(29.3,9.2)，半径为5.5，如右图所示。

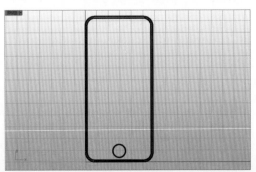

04 绘制显示屏：使用"角对角"命令绘制矩形，依次输入两点的坐标为(3.4,1.7)、(55.1,107.1)，如右图所示。

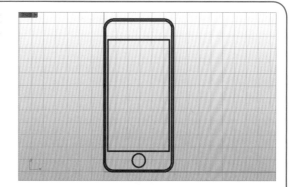

05 绘制前摄像头：使用"中心点、半径"命令画圆，中心点坐标为(21.3,113)，半径为2.2，如右图所示。

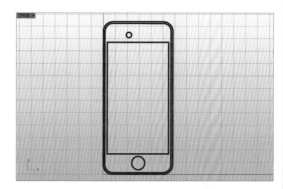

06 绘制前麦：使用"中心点、角"命令画矩形，中心点坐标为(29.3,113)，半径为1.15，如右图所示。

07 将端点捕捉打开，绘制圆角矩形，捕捉上一步所画矩形的左上角和右下角的端点，并将圆角调节到最大。然后删除原来的矩形，如下图所示。

08 绘制顶部Wake按钮：绘制矩形，第一点坐标为(39.3,123.8)，第二点坐标为(@9.5,0.6)，如下图所示。

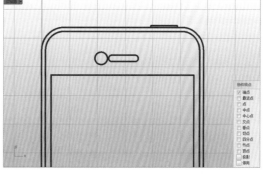

09 使用"曲线圆角"命令，距离分别为0.1、0.1，如右图所示。

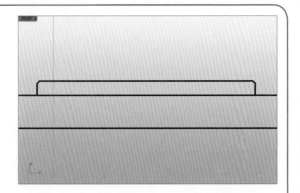

10 制作侧面按钮：绘制矩形，坐标分别为(0,106.9)、(r-0.6,-6)。然后使用"曲线圆角"命令，距离均为0.1，如右图所示。

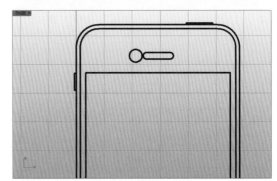

知识链接 关于坐标中的r的说明

坐标(r-0.6,-6)中的r或者@表示相对与上一点的坐标。

11 绘制第二个按钮，方法同上，坐标分别为(0,95.3)、(r-0.6,-4.8)，如右图所示。

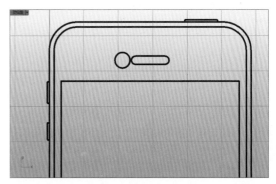

12 绘制第三个按钮，方法同上，坐标分别为(0,85)、(r-0.6,-4.8)。一部iPhone即绘制完成，如右图所示。

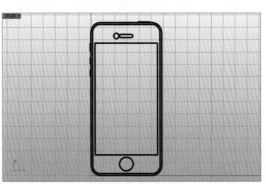

知识链接 二维图的后期处理

绘制好的文件可以保存为ai格式，然后导入平面设计软件中为其上色。

课后练习

一. 选择题

1.无法打开它的控制点，编辑前需要炸开为单曲面的实体是（　　）。
   A. 正方体 　　　　　　　　　　　　B. 圆柱体
   C. 单曲实体 　　　　　　　　　　　D. 多重曲面实体
2.绘制的曲线的阶数最大可以设为（　　）。
   A. 9 　　　　　　　　　　　　　　　B. 10
   C. 11 　　　　　　　　　　　　　　 D. 13
3.按钮的含义是（　　）。
   A. 指定焦点画圆 　　　　　　　　　B. 指定直径画圆
   C. 指定中心点画圆 　　　　　　　　D. 环绕曲线画圆
4.绘制圆角矩形按钮是（　　）。
   A. 　　　　　　　　　　　　　　　 B.
   C. 　　　　　　　　　　　　　　　 D.

二. 填空题

1.在绘制线的时候，开启"_____"功能可以捕捉已存在的特殊点来辅助绘制。
2.法线(N)：与曲面_____的直线。
3.延伸(E)：选取一条曲线（或直线）并指定直线的终点（或输入距离），以延伸该曲线_____方向（或直线）绘制直线。
4.控制点曲线与内插点曲线的区别是：点在曲线外称为_____；点在曲线上称为_____。
5.如果对完成的曲线不满意，可以单击_____按钮，调用"开启编辑点"命令，对图形上的编辑点进行调整。

三. 操作题

使用输入坐标轴的方式绘制如下图形（所有边长都相等，均为10）。

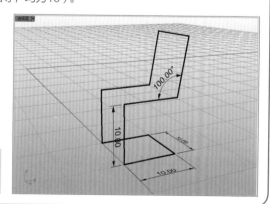

提示 操作提示
相对坐标的输入方式（rx, y）、（4x, <y）。

Chapter

04

创建曲面

Rhino是以NURBS为核心的曲面建模软件，这和其他实体建模有着本质的区别，Rhino在构建自由形态的曲面方面具有灵活简单的优势。曲面的创建是Rhino的精髓部分，Rhino提供的曲面创建工具可以满足各种曲面建模的需要，对于同一种曲面可以采用多种方式来构建。

知识要点

① 角点曲面创建
② 以二、三或四个边缘曲线建立曲面
③ 以平面曲线创建曲面
④ 矩形平面创建曲面
⑤ 挤出曲线创建曲面
⑥ 放样曲面的创建
⑦ 从网线创建曲面
⑧ 旋转曲面的创建
⑨ 嵌面的创建
⑩ 单轨扫掠创建曲面
⑪ 双轨扫掠创建曲面

上机安排

学习内容	学习时间
● 由点建面	10分钟
● 由边建面	10分钟
● 创建矩形平面	20分钟
● 挤出曲面	30分钟
● 放样曲面	15分钟
● 旋转曲面	15分钟
● 创建嵌面	15分钟

4.1 角点曲面的创建

"角点"命令可通过指定3个或4个角点创建曲面。

调用命令的方式如下。

● 菜单：执行"曲面>角点"命令。

● 按钮：单击"主要>曲面工具"工具栏中![按钮]按钮。

● 键盘命令：SrfPt。

利用"角点"命令创建曲面的具体操作方法介绍如下。

步骤01 单击![按钮]按钮，调用"角点"命令。

步骤02 命令行提示为"曲面的第一角："时，指定第1个点。

步骤03 命令行提示为"曲面的第二角："时，指定第2个点。

步骤04 命令行提示为"曲面的第三角："时，指定第3个点。

步骤05 命令行提示为"曲面的第四角："时，按回车键，完成曲面创建，如下左图所示。

该命令可用于封闭未封口的形体，开启"物件锁点"捕捉4个角点，完成曲面的创建，如下右图所示。

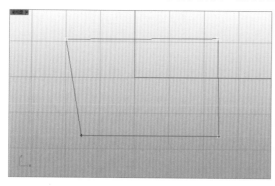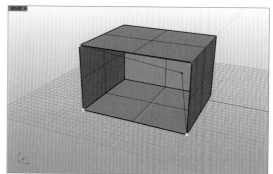

4.2 以二、三或四个边缘曲线创建曲面

"边缘曲线"命令可通过指定的2、3或4个边缘曲线来创建曲面。

调用命令的方式如下。

● 菜单：执行"曲面>边缘曲线"命令。

● 按钮：单击"主要>曲面工具"工具栏中![按钮]按钮。

● 键盘命令：EdgeSrf。

利用二、三或四个边缘曲线创建曲面的具体操作方法介绍如下。

步骤01 单击![按钮]按钮，调用"边缘曲线"命令。

步骤02 命令行提示为"选取2、3或4条曲线"时，依次选择曲线。

步骤03 按回车键，完成曲面创建，如右图所示。

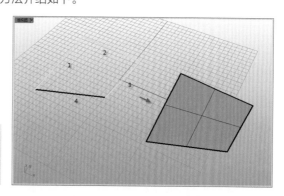

知识链接 操作技巧

● 该命令可以在空间创建自由曲面，且曲线不一定封闭。

● 可直接使用曲面的边线作为新曲面的边线。

4.3 以平面曲线创建曲面

"平面曲线"命令可通过处于同一平面的封闭曲线来创建曲面。

调用命令的方式如下。

● 菜单：执行"曲面>平面曲线"命令。

● 按钮：单击"主要>曲面工具"工具栏中◎按钮。

● 键盘命令：PlanarSrf。

利用"平面曲线"命令创建曲面的具体操作方法介绍如下。

步骤01 单击◎按钮，调用"平面曲线"命令。

步骤02 命令行提示为"选取要建立曲面的平面曲线："时，选择封闭的平面曲线，如下左图所示。按回车键，完成曲面创建，如下右图所示。

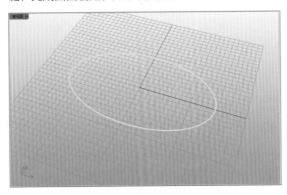 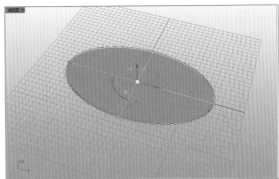

在使用该命令的过程中，需要注意以下几点。

● 该命令是边缘曲线建立曲面的特殊情况，要求曲线在同一平面内，绘制时可把状态栏平面模式打开，以保证曲线在平面内。

● 若曲线有重叠的部分，则每条曲线独立形成平面。

● 如果一条曲线完全在另一条曲线内，如下左图所示，则会作为洞的边界处理，如下右图所示。

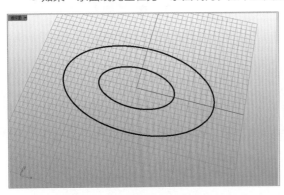 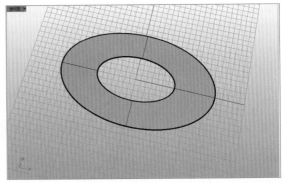

4.4 矩形平面的创建

"平面"命令通过指定对角点、两个相邻的角点和距离、垂直于工作平面或以中心点等方式创建矩形平面。

4.4.1 两点矩形平面的创建

调用命令的方式如下。

- 菜单：执行"曲面>平面"命令。
- 按钮：单击"主要>曲面工具"工具栏中■按钮。
- 键盘命令：Plane。

此种方式创建矩形平面的具体操作方法介绍如下。

步骤01 单击■按钮，调用"矩形平面：角对角"命令。

步骤02 命令行提示为"平面的第一角(三点(P) 垂直(V) 中心点(C) 可塑形的(D))："时，指定矩形平面第一角点，如下左图所示。

步骤03 命令行提示为"其他角或长度："时，指定相对的另一角点或输入长度值，完成矩形平面的创建，如下右图所示。

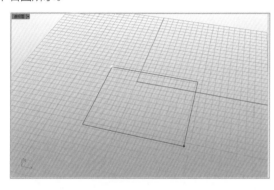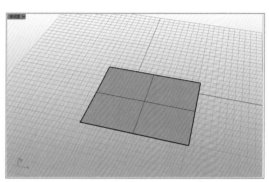

4.4.2　三点矩形平面的创建

"三点"命令可通过两个相邻的角点和对边上的一个点（两个相邻角点和一段距离）创建矩形平面。

调用命令的方式如下。

- 菜单：执行"曲面>平面>三点"命令。
- 按钮：单击"主要>曲面工具>矩形平面"工具栏中■按钮。
- 键盘命令：Plane。

利用"三点"命令创建矩形平面的具体操作方法介绍如下。

步骤01 单击■按钮，调用"矩形平面：三点"命令。

步骤02 命令行提示为"边缘起点(可塑形的(D))："时，指定起始点A。

步骤03 命令行提示为"边的终点："时，指定另一角点B，如下左图所示。

步骤04 命令行提示为"宽度。按Enter套用长度："时，输入矩形平面宽度或指定一点，如下右图所示。

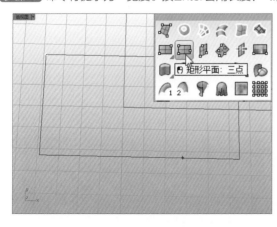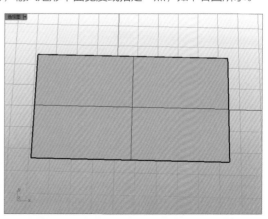

4.4.3 垂直平面的创建

"垂直"命令可创建与工作平面垂直的矩形平面。

调用命令的方式如下。

● 菜单：执行"曲面>平面>垂直"命令。

● 按钮：单击"主要>曲面工具>矩形平面"工具栏中■按钮。

● 键盘命令：Plane。

利用"垂直"命令创建矩形平面的具体操作方法介绍如下。

步骤01 单击■按钮，调用"垂直"命令。命令行提示为"平面的第一角（三点(P) 垂直(V) 中心点(C) 可塑形的(D)："时，输入V。

步骤02 命令行提示为"边缘起点(可塑形的(D))："时，指定起始点。

步骤03 命令行提示为"边的终点："时，指定另一角点，如下左图所示。

步骤04 命令行提示为"高度。按Enter套用宽度："时，输入矩形平面高度，完成矩形平面创建，如下右图所示。

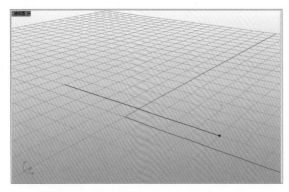 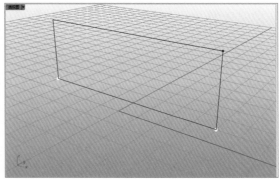

进阶案例 **以矩形中心点创建矩形平面**

下面将介绍如何利用中心点创建矩形平面。

01 单击■按钮，调用"矩形平面：角对角"命令。

02 命令行提示为"平面的第一角(三点(P) 垂直(V) 中心点(C) 可塑形的(D))："时，输入C，按回车键。

03 命令行提示为"平面中心点(可塑形的(D))："时，指定中心点，如下图所示。

04 命令行提示为"其他角或长度："时，指定一角点，或输入长度数值，完成矩形平面创建。

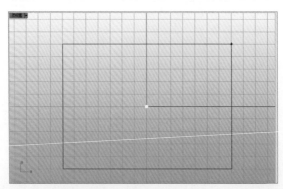

4.5 挤出曲线创建曲面

"挤出曲线"命令将曲线沿曲线方向挤出一段距离形成曲面，右击 按钮，弹出"挤出"子工具栏，如右图所示。

4.5.1 直线挤出曲面

调用命令的方式如下。

● 菜单：执行"曲面>挤出曲线"命令。

● 按钮：单击"主要>曲面工具"工具栏中 按钮。

● 键盘命令：ExtrudeCrv。

利用直线挤出曲面的具体操作方法介绍如下。

步骤01 单击 按钮，调用"挤出曲线"命令。

步骤02 命令行提示为"选取要挤出的曲线:"时，选择拉伸曲线，如下左图所示。

步骤03 命令行提示为"选取要挤出的曲线。按Enter完成:"时，按回车键，完成曲线选择。

步骤04 命令行提示为"挤出距离(方向(D) 两侧(B) =否 加盖(C)=否 删除输入物物体(E) =否):"时，在命令行输入数值，完成拉伸曲面的创建，如下右图所示。

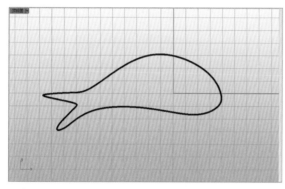
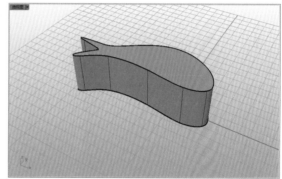

知识链接 "挤出曲线"命令行中各选项含义

● "方向(D)"：默认情况下是垂直于作图平面。也可以单击，先定义一个参考点，然后再单击一点确定拉伸方向。

● "两侧(B)"：默认情况下是"否"，为单向拉伸。单击"两侧(B)"或输入B后，按回车键。

● "加盖(C)"：默认情况下是"否"，如果拉伸的是封闭的平面曲线，单击"加盖(C)"后或输入C，按回车键，拉伸后的曲面两端会各建立一个平面。

● "删除输入物体(E)"：设置拉伸曲面后是否删除原始曲线。

4.5.2 沿曲线挤出曲面

调用命令的方式如下。

● 菜单：执行"曲面>挤出曲线>沿着曲线"命令。

● 按钮：单击"主要>曲面工具>挤出"工具栏中 按钮。

● 键盘命令：ExtrudeCrvAlongCrv。

沿着曲线挤出曲面的具体操作方法介绍如下。

步骤01 单击 按钮，调用"沿着曲线"命令。

步骤02 命令行提示为"选取要挤出的曲线:"时，选择挤出曲线，如下左图所示。

步骤03 命令行提示为"选取要挤出的曲线。按Enter完成："时,按回车键,完成曲线选择。

步骤04 命令行提示为"选取路径曲线在靠近起点处(加盖(C)=否 删除输入物体(D)=否 子曲线(S)=否):"时,选择路径曲线,完成曲面创建,如下右图所示。

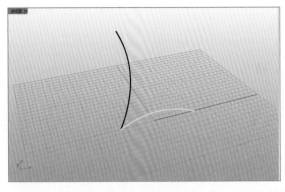
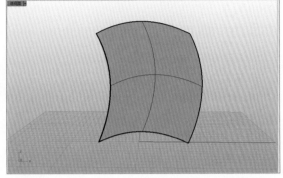

知识链接 **"沿着曲线"命令行中选项含义**

"子曲线(S)": 在路径曲线上指定曲线上的起点和终点两个点作为曲线挤出的距离,完成曲面创建,如右图所示。

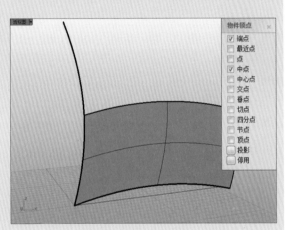

4.5.3 挤出至点曲面

调用命令的方式如下。

● 菜单: 执行"曲面>挤出曲线>至点"命令。

● 按钮: 单击"主要>曲面工具>挤出"工具栏中▲按钮。

● 键盘命令: ExtrudeCrvToPoint。

挤出至点曲面的具体操作方法介绍如下。

步骤01 单击▲按钮,调用"至点"命令。

步骤02 命令行提示为"选取要挤出的曲线:"时,选择挤出曲线,如下左图所示。

步骤03 命令行提示为"选取要挤出的曲线。按Enter完成:"时,按回车键,完成曲线选择。

步骤04 命令行提示为"挤出的目标点(加盖(C)=否 删除输入物体(D)=否):"时,指定点,完成挤出曲面的创建,如下右图所示。

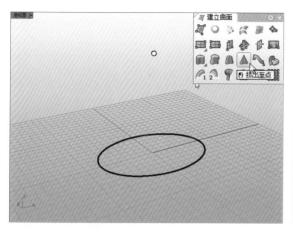
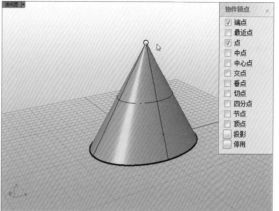

进阶案例 创建彩带曲面

下面将介绍创建彩带曲面的操作方法。

01 单击 🔲 按钮，调用"彩带"命令。命令行提示为"选取要建立彩带的曲线(距离(D)=1 角(C)=尖锐 通过点(T) 公差(O)=0.001 两侧(B)): "时，选择彩带曲线，如下图所示。

02 命令行提示为"偏移侧(距离(D)=10 角(C)=尖锐 通过点(T) 公差(O)=0.001 两侧(B)): "时，在曲线的一侧拖动光标并单击指定一点，完成彩带创建，如下图所示。

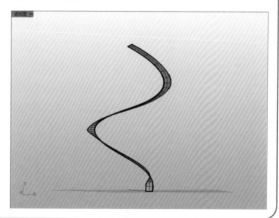

4.6 放样曲面的创建

"放样"命令可通过选择的一系列断面曲线轮廓形成曲面。

调用命令的方式如下。

- 菜单：执行"曲面>放样"命令。
- 按钮：单击"主要>曲面工具"工具栏中 🔲 按钮。
- 键盘命令：Loft。

创建放样曲面的具体操作方法介绍如下。

步骤01 单击 🔲 按钮，调用"放样"命令。

步骤02 命令行提示为"选取要放样的曲线(点(P)): "时，选择放样曲线A，如下左图所示。

步骤03 命令行提示为"选取要放样的曲线。按Enter完成(点(P)): "时，选择放样曲线B，按回车键。

步骤04 命令行提示为"调整曲线接缝(反转(F) 自动(A) 原本的(N)):"时,可以选择接缝点沿所在曲线拖动,调整位置,如下右图所示。

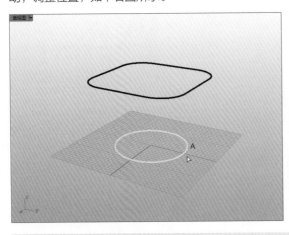
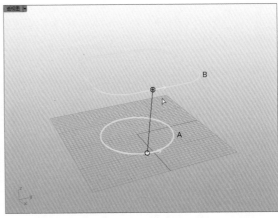

知识链接 **"放样"命令行中各选项含义**

- "反转(F)":可反转接缝点方向。
- "自动(A)":可自行对齐接缝点及曲线方向。
- "原本的(N)":使用原来的曲线接缝位置及曲线方向。

专家技巧:接缝点的操作原则

接缝点的方向可以改变,但改变会影响曲面的质量。每条曲线上接缝点的方向应对齐并且保持方向一致,否则会产生扭曲的现象。

步骤05 在上述操作完成后,按回车键,将弹出"放样选项"对话框,如下左图所示。选择"造型"下拉列表中的"松弛"选项,单击"确定"按钮,完成曲面创建,如下右图所示。

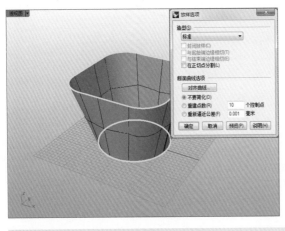

知识链接 **"放样选项"对话框中各选项含义**

①"造型"选项

- 标准:曲面将在曲线之间正常延伸。
- 松弛:曲面的控制点与放样曲线的控制点在同一位置,因此比较平滑。但放样曲面不通过所有的断面曲线。
- 紧绷:曲面较接近通过放样曲线。
- 平直区段:在放样曲线之间形成平直曲面。
- 可展开的:在每相邻两放样曲线之间创建可展开的曲面或多重曲面。
- 均匀的:曲面的控制点以相同的方式影响曲面。

②**"封闭放样"复选框**

可建立封闭的放样曲面，曲面在通过最后一条放样曲线后会绕回第一条放样曲线，但必须要有三条以上放样曲线才可以使用。

③**"与起始端边缘相切"和"与结束端边缘相切"复选框**

如果起始（结束）放样曲线是一个曲面的边缘，放样曲面将与该曲面相切。

④**"断面曲线选项"选项组**

● "对齐曲线"按钮：单击放样曲线靠近端点处来改变曲线的对齐方向。

● "不要简化"单选按钮：放样曲线不会被重建。

● "重建点数"单选按钮：放样曲面前以设置的控制点数重建放样曲线。

● "以公差整修"单选按钮：放样曲线将适应设置的公差值。

4.7 旋转曲面的创建

此种方式是通过轮廓曲线围绕一轴旋转创建曲面，是曲面建模过程中最常用的命令之一。

4.7.1 旋转成形创建曲面

调用命令的方式如下。

● 菜单：执行"曲面>旋转"命令。

● 按钮：单击"主要>曲面工具"工具栏中 按钮。

● 键盘命令：Revolve。

利用"旋转"命令创建曲面的具体操作方法介绍如下。

步骤01 单击 按钮，调用"旋转成形"命令。

步骤02 命令行提示为"选取要旋转的曲线："时，选择要旋转的轮廓曲线，如下左图所示。

步骤03 命令行提示为"选取要旋转的曲线。按Enter完成："时，按回车键，完成轮廓曲线的选择。

步骤04 命令行提示为"旋转轴起点："时，选择旋转轴起始点。

步骤05 命令行提示为"旋转轴终点："时，选择旋转轴终止点。

步骤06 命令行提示为"起始角度<0>(删除输入物件(D)=否 可塑形的(E)=否 360度(F) 设置起始角度(A)=是)："时，输入旋转的起始角度，或选择"360度(F)"选项，完成旋转曲面创建，如下右图所示。

步骤07 命令行提示为：旋转角度<180>(删除输入物件(D)=否 可塑形的(E)=否 360度(P))："时，输入旋转的角度。

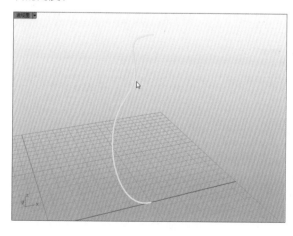
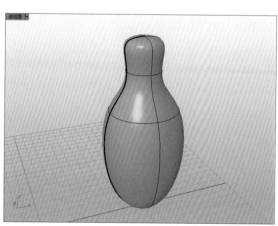

需要注意的是，两个相邻控制点在同一直线上才能避免底部尖点的出现，如右图所示。

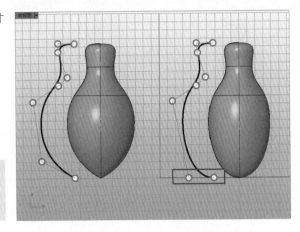

知识链接 "旋转成形"命令行中各选项含义

● "删除输入物件(D)"：设置旋转曲面后是否删除原始曲线。
● "360度"：指定旋转角度为360度。

4.7.2　沿路径旋转创建曲面

调用命令的方式如下。

● 菜单：执行"曲面>沿着路径旋转"命令。

● 按钮：右击"主要>曲面工具"工具栏中💡按钮。

● 键盘命令：RailRevolve。

利用"沿着路径旋转"命令创建曲面的具体操作方法介绍如下。

步骤01 右击💡按钮，调用"沿着路径旋转"命令。命令行提示为"选取轮廓曲线(缩放高度(S)=否)："时，选择要旋转的一条轮廓曲线，如下图所示。

步骤02 命令行提示为"选取路径曲线(缩放高度(S)=否)："时，选择旋转的一条路径曲线，如下图所示。

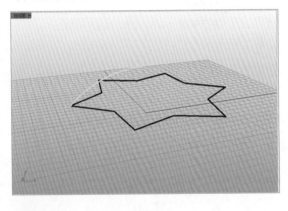

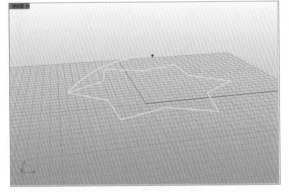

步骤03 命令行提示为"路径旋转轴起点："时，选择旋转轴起始点，如右图所示。

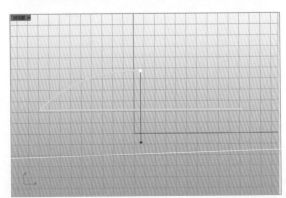

步骤04 命令行提示为"路径旋转轴终点："时，选择旋转轴终止点，完成曲面创建，如下图所示。

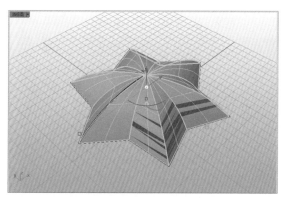

步骤05 如果发现面的颜色不是蓝色，说明法线方向不正确，右击▭按钮翻转法线，如下图所示。

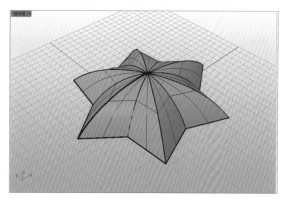

进阶案例 创建移动电源模型

为了更好地掌握前面所学习的知识，在此制作一个移动电源，其中主要使用旋转成形命令和放样命令生成曲面。

1. 主体的创建

01 在前视图从（0,0）点画一条竖直的中轴线，打开捕捉端点，再画一条5个控制点的曲线。单击🖐按钮，打开曲线的控制点，并调节成如下图所示的位置。接着选择"变动>设置XYZ坐标"命令，如下图所示。

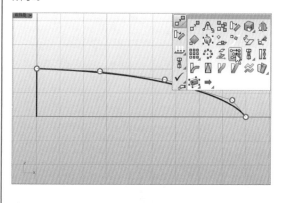

02 选择最左端的两个相邻控制点，按回车键，这时出现"设置点"对话框，勾选"设置Z"复选框，单击"确定"按钮后捕捉最左面的端点，如下图所示。

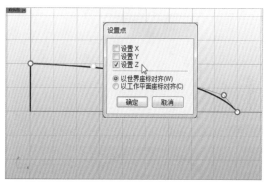

03 参照上一步的操作，选择右面的两个控制点，勾选"设置X"复选框，捕捉最右面的端点，这样即完成对曲线的修改，如右图所示。

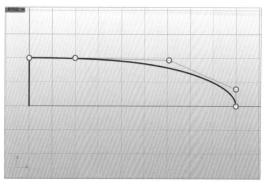

04 选择"旋转成形"命令，捕捉中轴线的端点，单击"360度"，完成形体的创建，如下图所示。

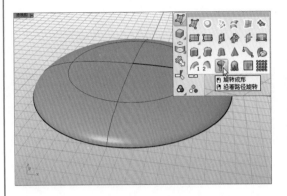

05 选择"镜像"命令，捕捉上一步生成曲面的端点和中点，生成镜像曲面，并将两个面组合成一个多重曲面，这样便完成了椭圆体的创建，如下图所示。

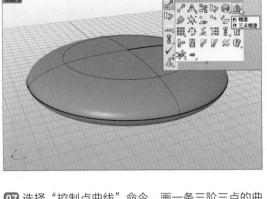

06 选择"复制"命令，将椭圆体复制一份，然后选择"缩放"命令，将刚复制的椭圆体适当缩小，如下图所示。

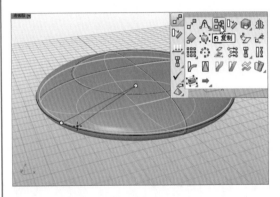

07 选择"控制点曲线"命令，画一条三阶三点的曲线（画线时按住Shift确保三个点在同一水平线上），然后选择"编辑控制点"命令，调节中间点的位置，如下图所示。

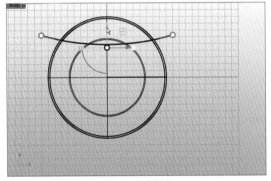

08 关闭控制点后将曲线沿椭圆体中心点镜像，单击 🔄 按钮，调用"分割"命令，使用刚创建的曲线分割两个椭圆曲面，如下图所示。

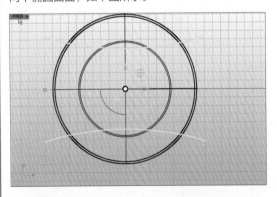

09 删除不需要的面，随后选择"放样"命令，如下图所示。

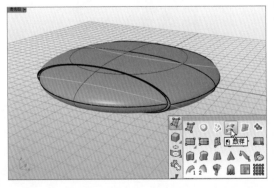

10 放样生成新的曲面，将两个曲面间的缝隙连接在一起，如下图所示。

11 将所有的面组合为一个新的多重曲面，如下图所示。

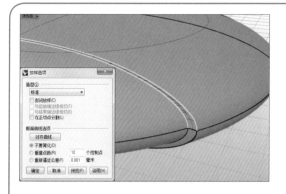

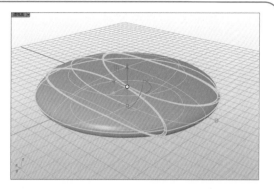

12 在顶视图中画一条三阶四点的控制点曲线，调用"打开点"命令，调节点的位置，如下图所示。

13 将调节好的曲线沿中心点镜像，如下图所示。

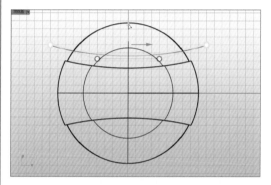

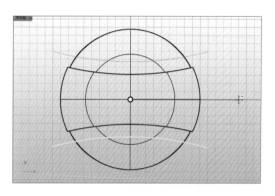

14 单击 按钮，调用"修剪"命令，剪掉多余的曲面，如下图所示。

15 将修剪过的对象复制一份，并缩放，如下图所示。

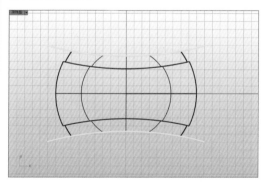

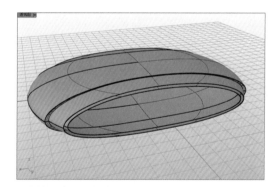

16 调用"放样"命令，将两个多重曲面之间的缝隙连接起来，如右图所示。

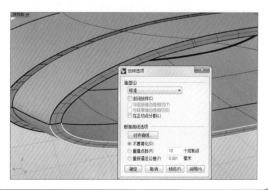

17 将所有的曲面组合为一个多重曲面，如下图所示。

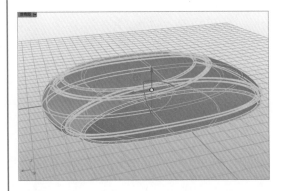

18 选择"复制边缘"命令，复制边缘线，如下图所示。

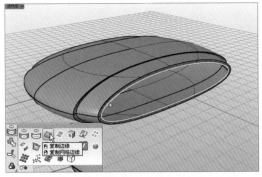

19 打开"捕捉端点"选项，在顶视图中画一条三阶三点的控制点曲线，如下图所示。

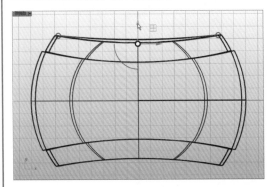

20 调节中点至适当位置，最终效果如下图所示。

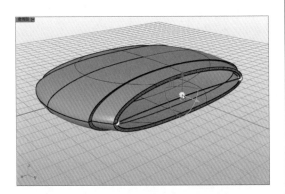

21 调用"放样"命令，生成如右图所示的曲面。

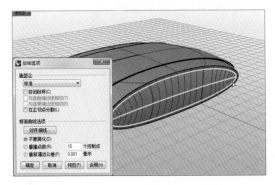

22 单击🔘按钮，调用"隐藏"命令，将需要隐藏的面和曲线都隐藏起来，如右图所示。

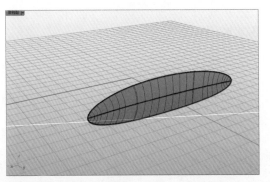

23 选择"直线挤出"命令，选取要挤出曲面的轮廓线，如下图所示。

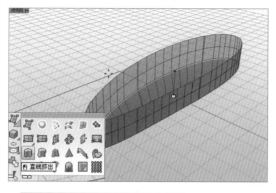

24 单击命令行的"方向(D)"选项，重新画一条直线来定位挤出方向，如下图所示。

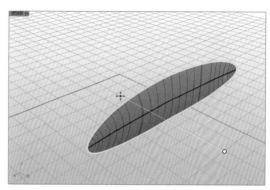

专家技巧：使用"放样"命令生成曲面

可以使用"放样"命令生成曲面的情况有两种：一是几条曲线的端点相交于一个点；二是几个封闭的截面曲线基本上处于同一个方向。

25 完成挤出后的效果如下图所示。

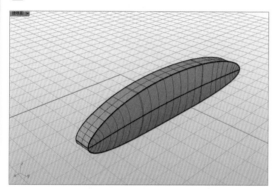

26 显示被隐藏的物件，随后选取如下图所示的物件。

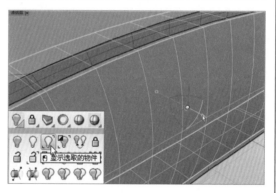

27 适当往外侧移动，然后镜像物件，如下图所示。

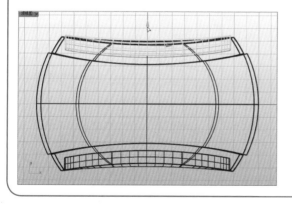

28 选择"不等距边缘倒角"命令，然后对边缘倒一个半径为0.2的角，如下图所示。

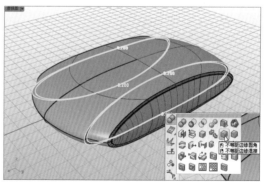

29 继续选择"不等距边缘倒角"命令,将下图所示边缘倒一个半径为0.4的角。

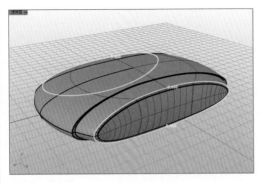

30 将下图所示边缘倒一个半径为0.1的角。

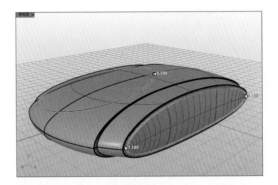

31 单击 按钮调用"着色"命令,检查是否有未进行倒角的边缘,最终效果如右图所示。这样便完成了主体的创建。

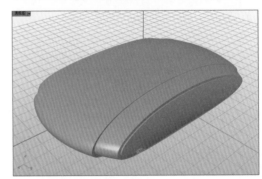

2. 按钮的制作

01 在前视图中画一个椭圆,具体位置如右图所示。

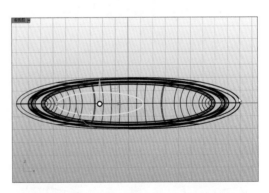

02 将椭圆挤出为曲面,如右图所示。

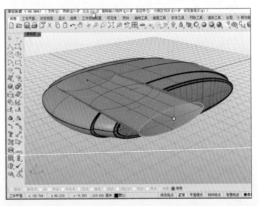

03 选择"布尔运算分割"命令，将挤出的椭圆曲面与主体的侧面分割，如下图所示。

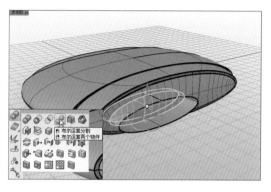

04 删除多余的曲面，如下图所示。

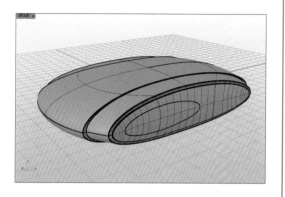

05 将如下图所示的两个物件的边缘分别倒半径为0.3的圆角。

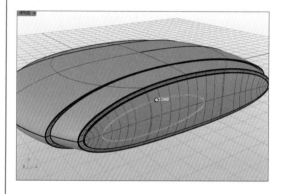

06 在前视图中画一个圆形，并适当调节圆的位置，如下图所示。

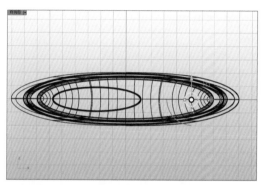

07 将圆挤出为封闭的圆柱曲面，并与主体的侧面进行布尔分割，如右图所示。

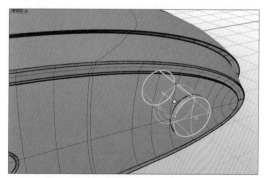

08 将分割后的两个物件倒圆角，这样便完成了电源按钮的制作，如右图所示。

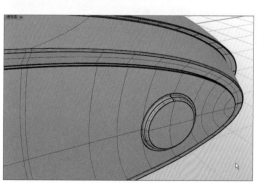

3. 分模线的制作

01 采用从中点画直线的方式，在右视图中画一条直线，如下图所示。

02 在透视图中将直线沿水平方向挤出，如下图所示。

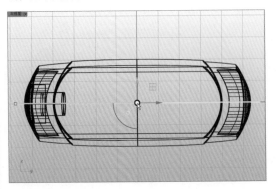

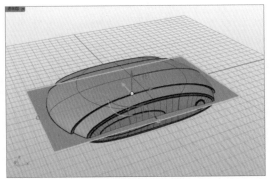

03 用上一步生成的面分割主体，将其分割为上盖和下盖，如右图所示。

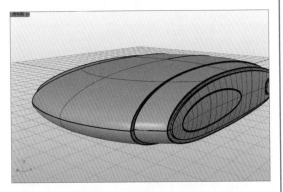

04 将上盖隐藏，然后对下盖的边缘倒圆角，如右图所示。

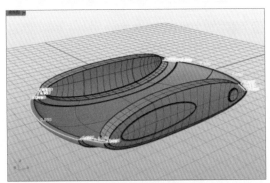

05 将隐藏的上盖显示，并倒圆角。这样便完成了分模线的创建，如右图所示。

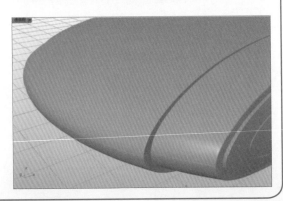

4. Logo的制作

01 在顶视图中画一个矩形，如下图所示。

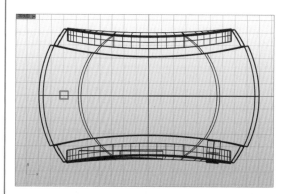

02 沿水平方向复制5个矩形，并调整其位置，如下图所示。

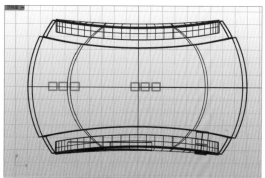

03 单击 ![]按钮，调用"文字"工具，在弹出的对话框中输入PINENG，字体"高度"设置为10，如下图所示，单击"确定"按钮，将文字放在顶视图中适当位置。

04 打开6个矩形的控制点，将矩形调节为平行四边形，如下图所示。

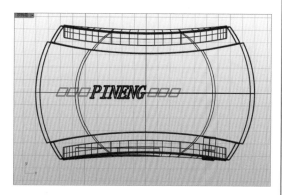

05 在顶视图中画一个圆，位置如右图所示。

06 使用"矩形阵列"命令沿x轴阵列5个，如右图所示。

07 阵列后的效果如下图所示。

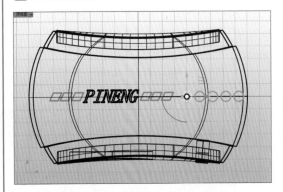

08 将5个圆按从大到小顺序进行缩放，如下图所示。

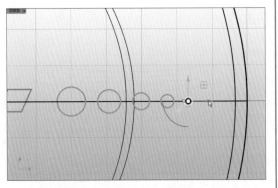

09 将前几步画好的图形进行实体挤出，与主体的上盖进行布尔分割，如下图所示。

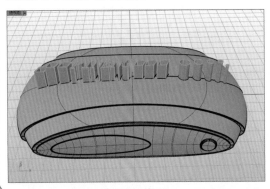

10 删除多余的物件，这样一个完整的移动电源即创建完成了，如下图所示。

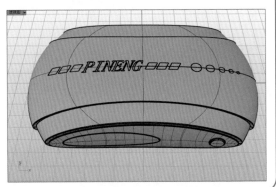

4.8 从网线创建曲面

"从网线建立曲面"命令可通过一系列的网线创建曲面。

调用命令的方式如下。

- 菜单：执行"曲面>网线"命令。
- 图标：单击"主要>曲面工具"工具栏中 按钮。
- 键盘命令：NetworkSrf。

利用网线创建曲面的具体操作方法介绍如下。

步骤01 单击 按钮，调用"从网线建立曲面"命令。

步骤02 命令行提示为"选区网线中的曲线"（自动排序（N））:"时，将1、2、3、4四条曲线全部框选，如右图所示。

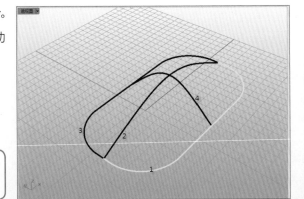

专家技巧：绘制曲线的注意事项

所有同一方向的曲线必须与另一方向的曲线全部交叉，而同方向的曲线不能交叉。

步骤03 命令行提示为"选取网线中的曲线。按Enter完成（不自动排序（N））："时，按回车键，弹出"以网线建立曲面"对话框，单击"确定"按钮完成曲面创建，如右图所示。

步骤04 命令行提示为"选取第一个方向的曲线："时，依次选区曲线1、2、3。

步骤05 命令行提示为"选取下一条开放曲线，按Enter开始选取第二个方向的曲线（复原(U)）："时，按回车键，选取第二个方向的曲线4，效果如下左图所示。

步骤06 右击按钮，将刚生成曲面的法线翻转，即完成了曲面的创建，效果如下右图所示。

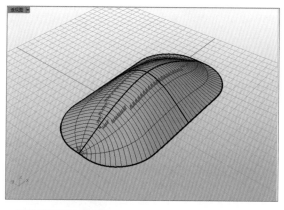 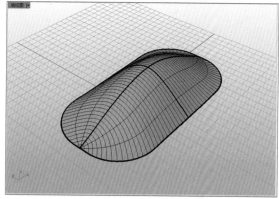

专家技巧：排序曲线

如果系统没有自动完成排序，则需要按方向选取曲线。

4.9 嵌面的创建

"嵌面"命令可通过选择的曲线和点补全曲面。

调用命令的方式如下。

● 菜单：执行"曲面>嵌面"命令。

● 按钮：单击"主要>曲面工具"工具栏中按钮。

● 键盘命令：Patch。

创建嵌面的具体操作方法介绍如下。

步骤01 单击按钮，调用"嵌面"命令。

步骤02 命令行提示为"选取曲面要逼近的曲线或点："时，选择定义曲面的点、曲线和曲面边界，如右图所示。

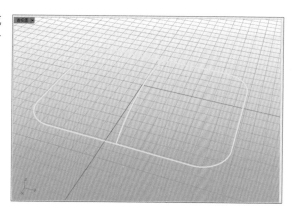

步骤03 命令行提示为"选取曲面要逼近的曲线或点。按Enter完成："时，按回车键，弹出"嵌面曲面选项"对话框，如下图所示。

步骤04 取消勾选"调整切线"复选框，单击"确定"按钮，完成嵌面创建，如下图所示。

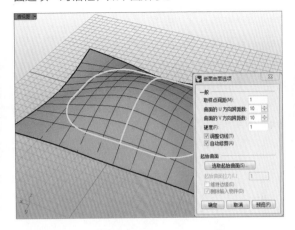

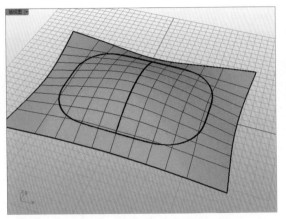

步骤05 调用"修剪"命令，将曲面边缘以外部分修剪掉，并翻转曲面的法线方向，如下图所示。

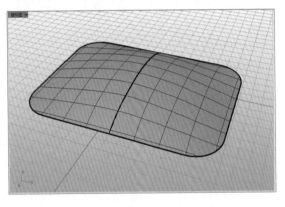

知识链接 **"嵌面曲面选项"对话框中选项介绍**

- "取样点间距"：设置输入曲线上的采样点之间的距离，一条曲线最少放置八个采样点。
- "曲面的U/V方向跨距数"：设置曲面U/V方向的跨距数。
- "硬度"：设置平面的变形程度，数值越大越接近平面。
- "调整切线"：如果输入曲线为曲面的边缘，选中该复选框，则生成的曲面方向与原曲面相切。
- "自动修剪"：选中该复选框，则生成的曲面边缘以外部分自动修剪掉。

4.10　单轨扫掠创建曲面

"单轨扫掠"命令通过一条或多条断面曲线沿一条路径曲线扫描而形成的曲面。

调用命令的方式如下。

- 菜单：执行"曲面>单轨扫掠"命令。
- 按钮：单击"主要>曲面工具"工具栏中 按钮。
- 键盘命令：Sweep1。

利用单轨扫掠创建曲面的具体操作方法介绍如下。

步骤01 单击 按钮，调用"单轨扫掠"命令。

步骤02 命令行提示为"选取路径(连锁边缘(C))："时，选择一条路径曲线，如下左图所示。

步骤03 命令行提示为"选取断面曲线，(点(点P))："时，选择断面曲线。

步骤04 命令行提示为"选取断面曲线。按Enter完成(点(P))："时，可以继续选择断面曲线或按回车键。

知识链接 ➤ **"单轨扫掠"命令行中各选项含义**

● 连锁边缘(C)：选择该选项，可以选取数条相接的曲线作为一条路径曲线。在按住Ctrl键的同时单击，可以取消选取自动连锁选取的最后一段曲线。

● 点(P)：创建的曲面可以以一点作为起点或终点截面。

步骤05 弹出"单轨扫掠选项"对话框，如下右图所示。单击"确定"按钮，完成曲面创建。

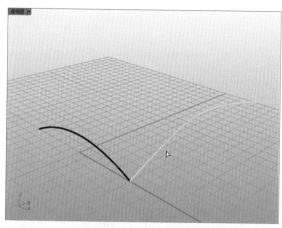
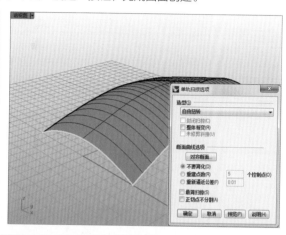

知识链接 ➤ **"单轨扫掠选项"对话框选项介绍**

● "造型"：选择不同方式扫掠曲面，可根据曲线具体情况选择。

● "封闭扫掠"：选中该复选框可以形成闭合的扫掠曲面，但必须要有两条以上的截面曲线，且路径为封闭曲线。

● "对齐断面"：当创建的扫掠曲面与其他曲面相连接时，单击该按钮，则保持扫掠曲面和其他曲面的连续性。

专家技巧：断面曲线的应用技巧

● 断面曲线可以为多条，如下左图所示，选择多条断面曲线，完成的曲面创建如下右图所示。

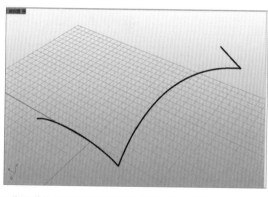
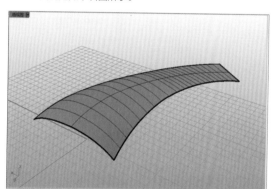

● 断面曲线和路径曲线在空间上可以交叉，但断面曲线之间不能交叉。

● 创建的扫掠曲面是从断面曲线开始的。

● 路径曲线应避免形成太大角度的拐角，否则扫掠曲面容易出现错误。

4.11　双轨扫掠创建曲面

"双轨扫掠"命令通过定义曲面形状的轮廓线沿两条路径扫掠创建曲面。

调用命令的方式如下。

● 菜单：执行"曲面>双轨扫掠"命令。

- 按钮：单击"主要>曲面工具"工具栏中🅜按钮。
- 键盘命令：Sweep2。

利用双轨扫掠创建曲面的具体操作方法介绍如下。

步骤01 单击🅜按钮，调用"双轨扫掠"命令。

步骤02 命令行提示为"选取第一条路径(连锁边缘(C))："时，选择第一条路径曲线。

步骤03 命令行提示为"选取路径："时，选择第二条路径曲线，如下左图所示。

步骤04 命令行提示为"选取断面曲线(点(P))："时，选择截面曲线。

步骤05 命令行提示为"选取断面曲线。按Enter完成(点(P))："时，继续选择截面曲线，如下右图所示，按回车键。

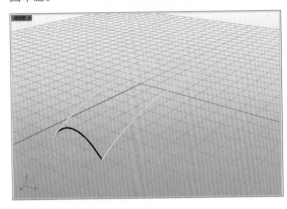 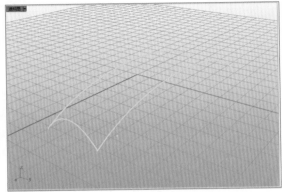

步骤06 弹出"双轨扫掠选项"对话框，如下左图所示，单击"确定"按钮，完成曲面创建，如下右图所示。

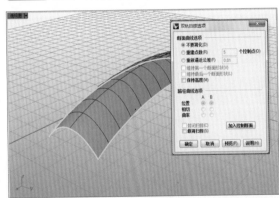 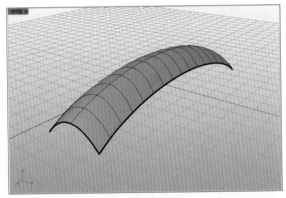

知识链接 **"双轨扫掠选项"对话框选项介绍**

- "断面曲线选项"选项组：用于调整截面曲线。其中"不要简化"表示在运算之前不做任何处理。"重建点数"表示在运算之前修改并重建轨迹曲线的控制点。
- "保持高度"复选框：可以固定扫掠曲面的断移、缩放。
- "路径曲线选项"选项组：用于调整轨迹曲线，只有在断面曲线为非有理曲线时才可以使用。"位置"表示曲面为G0连续，"相切"为G1连续，"曲率"为G2连续。
- "加入控制断面"按钮：增加截面调节线来控制曲面断面结构线的方向。

课后练习

一. 选择题

1. 沿曲线挤出曲面的图标是（　　　）。

　A. 🖼　　　　　　　　　　　　　B. 🖼

　C. 🖼　　　　　　　　　　　　　D. 🖼

2. 通过选择的曲线和点补全曲面的命令是（　　　）。

　A. 嵌面　　　　　　　　　　　　B. 网格生面

　C. 彩带曲面　　　　　　　　　　D. 旋转曲面

3. 单击🖼按钮可以调用（　　　）命令。

　A. 双轨扫掠　　　　　　　　　　B. 单轨扫掠

　C. 放样　　　　　　　　　　　　D. 嵌面

二. 填空题

1. 单击🖼按钮可以调用_____建立曲面命令。

2. 应用"以平面曲线建立曲面"命令的条件是曲线_____，绘制时可把状态栏平面模式打开，以保证曲线在平面内。

3. 在使用"直线挤出"曲面命令时，默认情况下是垂直于作图平面。也可以单击"_____(D)"选项，先定义一个参考点，然后单击一点确定拉伸方向。

4. 在放样时勾选"建立封闭的放样曲面"选项，曲面在通过最后一条放样曲线后会绕回第一条放样曲线，但必须要有_____以上放样曲线才可以使用。

三. 操作题

利用本章所学习的知识制作如右图所示的移动电源。

提示 ▶ **操作提示**

● 绘制倒角矩形，挤出曲面。

● 绘出弧面的截面线，用"嵌面"命令创建弧形曲面。

● 创建Logo挤出曲面，与弧形曲面进行布尔分割。

Chapter

05

编辑曲面

Rhino 5.0的曲面建模工具为各种曲面造型的创建提供了可能，但是对于细节部分的调整，只能通过曲面编辑完成。因此，要想创建细腻逼真的产品模型，还必须掌握各种曲面编辑命令。

知识要点

① 曲面延伸
② 曲面圆角
③ 曲面偏移
④ 曲面斜角
⑤ 曲面混接
⑥ 曲面拼接
⑦ 通过控制点编辑曲面
⑧ 曲面检测和分析

上机安排

学习内容	学习时间
● 曲面延伸	20分钟
● 曲面圆角	20分钟
● 曲面偏移	15分钟
● 曲面斜角	15分钟
● 曲面混接	20分钟
● 曲面拼接	20分钟
● 曲面重建	10分钟
● 曲面检测与分析	20分钟

5.1 曲面延伸

"曲面延伸"命令用于延伸曲面的边缘，与曲线的延伸非常类似，可通过输入数值控制延伸的长度。

5.1.1 未修剪曲面的延伸

调用命令的方式如下。

● 菜单：执行"曲面>延伸曲面"命令。

● 按钮：单击"主要>曲面工具"工具栏中 ✎ 按钮。

● 键盘命令：ExtendSrf。

延伸未修剪曲面的具体操作方法介绍如下。

步骤01 打开如下左图所示的实例文件，单击 ✎ 按钮，调用"延伸曲面"命令。

步骤02 命令行提示为"选取要延伸的曲面边缘(类型(T) =平滑)："时，选择需要延伸的曲面边缘。

步骤03 命令行提示为"延伸系数<1.000>："时，输入延伸数值或指定两个点，按回车键，完成曲面延伸，如下右图所示。

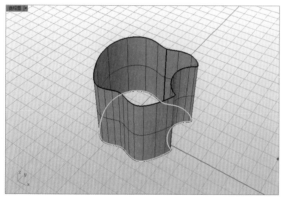 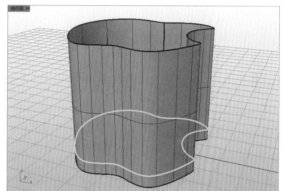

5.1.2 已修剪曲面的延伸

调用命令的方式如下。

● 菜单：执行"曲面>延伸曲面"命令。

● 按钮：右击"主要>曲面工具"工具栏中 ✎ 按钮。

● 键盘命令：ExtendTrimmedSrf。

延伸已修剪曲面的具体操作方法介绍如下。

步骤01 打开实例文件，右击 ✎ 按钮，调用"延伸曲面"命令。

步骤02 命令行提示为"选取要延伸的曲面边缘(造型(T)=平滑)："时，选择需要延伸的曲面边缘，如右图所示。

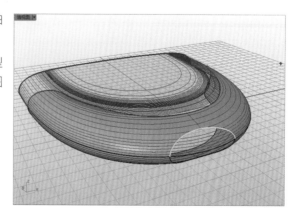

步骤03 命令行提示为"延伸系数<1.000>:"时，输入延伸数值或指定两个点，按回车键，完成曲面的延伸，如右图所示。

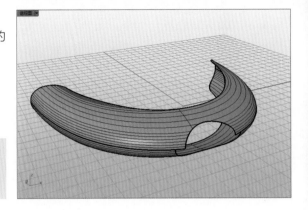

> **知识链接** **"延伸曲面"命令行中选项含义**
>
> "造型(T)"选项：该选项决定延伸曲面的形式，"平滑"即为平滑地延伸曲面，"直线"即为线形式延伸曲面。

5.2 曲面圆角

曲面圆角是Rhino中的基本命令，主要针对两个曲面的圆角操作，和实体倒角类似。

5.2.1 等距圆角

"曲面圆角"命令可在两个曲面之间建立单一半径的相切圆角曲面。

调用命令的方式如下。

● 菜单：执行"曲面>曲面圆角"命令。

● 按钮：单击"主要>曲面工具"工具栏中 按钮。

● 键盘命令：FilletS。

等距圆角的具体操作方法介绍如下。

步骤01 打开实例文件，单击 按钮，调用"曲面圆角"命令。

步骤02 命令行提示为"选取要建立圆角的第一个曲面(半径(R) = 5.000 延伸(E)=是 修剪(T) =是):"时，选择第一个曲面，如下左图所示。

步骤03 命令行提示为"选取要建立圆角的第二个曲面(半径(R) = 5.000 延伸(E)=是 修剪(T) =是):"时，选择第二个曲面，完成曲面圆角，如下右图所示。

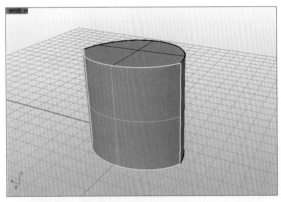
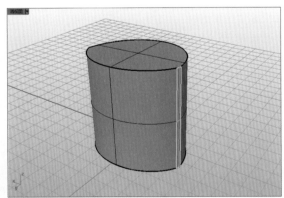

5.2.2 不等距圆角

"不等距圆角"命令可在两个曲面之间建立不等半径的相切圆角曲面。

调用命令的方式如下。

- 菜单：执行"曲面>不等距圆角/混接/斜角>不等距曲面圆角"命令。
- 按钮：单击"主要>曲面工具"工具栏中按钮。
- 键盘命令：VariableFilletSrf。

不等距圆角的具体操作方法介绍如下。

步骤01 打开如右图所示的实例文件，单击按钮，调用"不等距曲面圆角"命令。

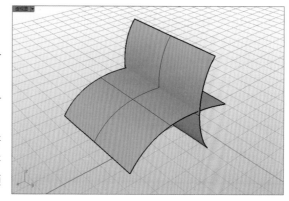

步骤02 命令行提示为"选取要做不等距圆角的第一个曲面(半径(R) = 1)："时，选择第一个曲面。

步骤03 命令行提示为"选取要做不等距圆角的第一个曲面(半径(R)=1)："时，选择第二个圆角曲面。

步骤04 命令行提示为"选取要编辑的圆角控制杆(新控制杆(A) 复制控制杆(C) 设置全部(S) 连接控制杆(L) = 否 路径造型(R) = 滚球 修剪并组合(T)=否 预览(P))："时，设置"修剪并组合"选项为"是"。

步骤05 选择"新增控制杆"选项，命令行提示为"指定圆角控制杆的新位置。按Enter完成(目前的半径(C) = 1)："时，在曲面连接处指定控制杆新位置，按回车键，如下左图所示。

步骤06 分别选择三个控制杆，设置圆角半径，分别为1.000、2.000、3.000，按回车键，完成不等距圆角，如下右图所示。

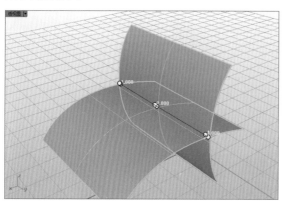 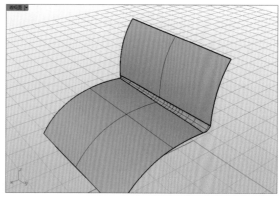

在此需要注意的是，只有新增的控制杆可以被删除，每一个开放的边缘段两端的控制杆无法移动或删除。

专家技巧：绘图操作注意事项

两曲面必须有交集才可完成不等距圆角曲面创建。

知识链接▶"不等距曲面圆角"命令行中各选项含义

- "目前的半径(C)"：设置圆角半径。
- "新增控制杆(A)"：用来沿曲面交集边缘新增控制杆。
- "复制控制杆(C)"：以选择的控制杆的半径建立新的控制杆。
- "设置全部(S)"：设置全部控制杆的半径。
- "连结控制杆(L)"：选择为"是"时，调整控制杆时，其他控制杆会以相同的比例调整。

5.3 曲面偏移

"偏移曲面"命令可以相等的距离偏移复制曲面。当偏移的曲面为多重曲面时,偏移后曲面会分散开,如六面体,偏移后会得到6个独立的平面。

调用命令的方式如下。

- 菜单:执行"曲面>偏移曲面"命令。
- 按钮:单击"主要>曲面工具"工具栏中 ● 按钮。
- 键盘命令:OffsetSrf。

在执行偏移操作时,对于平面、环状体、球体、开放的圆柱或圆锥曲面,其偏移结果不会有误差;对于自由造型曲面,偏移误差会小于公差值。

进阶案例 **偏移曲面**

下面将通过案例介绍偏移曲面的操作方法。

01 打开实例文件,单击 ● 按钮,调用"偏移曲面"命令。命令行提示为"选取要偏移的曲面或多重曲面:"时,选择需要偏移的曲面,如下图所示。

02 命令行提示为"选取要偏移的曲面或多重曲面。按Enter完成:"时,按回车键,完成选择。命令行提示为"偏移距离<5.000>(全部反转(F) 实体(S) 松弛(L) 公差(T)=0.001 两侧(B)):"时,输入偏移距离,按回车键完成曲面偏移,如下图所示。

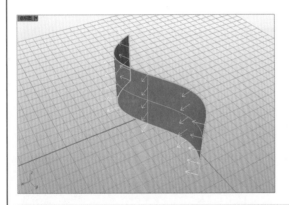 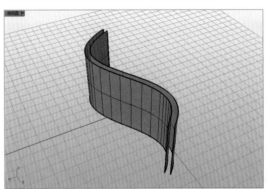

知识链接 **"偏移曲面"命令行中各选项含义**

- "全部反转(F)":反转所有选取曲面的偏移方向和箭头方向为正的偏移方向。
- "实体(S)":以原来的曲面和偏移后的曲面边缘放样形成封闭的实体。
- "松弛(L)":偏移后曲面的结构和原曲面相同,提高曲面之间连接的一致性。
- "公差(T)":设置偏移曲面的公差。
- "两侧(B)":以曲面为中心向两侧偏移。

5.4 曲面斜角

"曲面斜角"命令可在两个有交集的曲面之间建立斜角曲面,与圆角非常类似。

调用命令的方式如下。

- 菜单:执行"曲面>曲面斜角"命令。
- 按钮:单击"主要>曲面工具"工具栏中 ● 按钮。
- 键盘命令:ChamferSrf。

进阶案例 曲面倒斜角

下面将通过具体的案例来介绍曲面倒斜角的方法。

01 打开实例文件，单击 按钮，调用"曲面斜角"命令。

02 命令行提示为："选取要建立斜角的第一个曲面(距离=1.000，1.000　延伸(E) =是　修剪(T)=是)："时，选择距离选项。

03 命令行提示为"第一斜角距离<1.000>："时，输入第一斜角距离数值为10。

04 命令行提示为"第二斜角距离<7.000>："时，输入第二斜角距离数值为10。

05 命令行提示为"选取要建立斜角的第一个曲面(距离(D)=10.000, 10.000　延伸(E)=是　修剪(T)=是)："时，选择第一个曲面，如下图所示。

06 命令行提示为"选取要建立斜角的第二个曲面(距离=10.000, 10.000　延伸(E)=是　修剪(T) =是)："时，选择第二个曲面，完成斜角曲面创建，如下图所示。

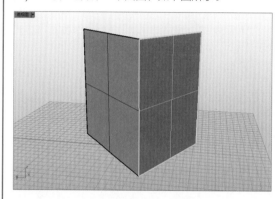 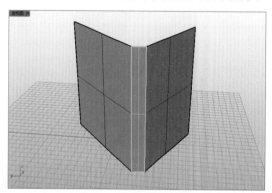

知识链接 "曲面斜角"命令行中各选项含义

● "距离(D)"：与圆角半径非常类似，是指两曲面的交线到斜角曲面修剪边缘的距离，距离越大斜角曲面越大。
● "修剪(T)"：选择"是"，以斜角曲面修剪两个原来的曲面。

5.5 曲面混接

曲面混接是在两个不相接的曲面边缘之间建立平滑的混接曲面，新的混接曲面可以指定连续性与原曲面相衔接，可以达到G0-G4的连续性。这是一个非常常用的命令，对于建立完整精细的模型很重要。

5.5.1 混接曲面

调用命令的方式如下。
● 菜单：执行"曲面>混接曲面"命令。
● 按钮：单击"主要>曲面工具"工具栏中 按钮。
● 键盘命令：BlendSrf。

混接曲面的具体操作方法介绍如下。

步骤01 打开实例文件，单击 按钮，调用"混接曲面"命令。

步骤02 命令行提示为"选取第一个边缘的第一段(自动连锁(A) =否　连锁连续性(C)=相切)："时，选择第一个曲面边缘，如下左图所示。

专家技巧："自动连锁"选项的应用

当有多段曲面组成曲面边缘时，需要选择"自动连锁"选项。

步骤03 命令行提示为"选取第一个边缘的下一段。按Enter完成(复原(U) 下一个(N) 全部(A) 自动连锁(T) =否 连锁连续性(C) =相切)："时，按回车键，完成第一个边缘的选取。

步骤04 命令行提示为"选取第二个边缘的第一段(自动连锁(A) =否 连锁连续性(C) =相切)："时，选择第二个曲面边缘。

步骤05 命令行提示为"调整曲线接缝(反转(F) 自动(A) 原本的(N))："时，手动调整两接缝方向使之相同，按回车键，如下右图所示。

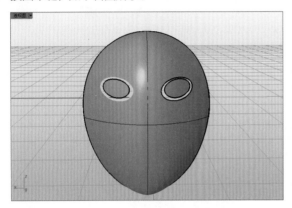 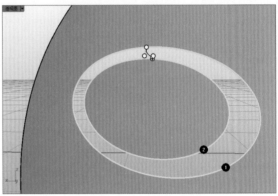

步骤06 命令行提示为"选取要调整的控制点。按Alt键并移动控制杆调整边缘处的角度。按住Shift做对称调整(平面断面(P)=否 加入断面(A) 连续性1(C) = G2 连续性2(O) = G2)："时，通过鼠标直接选取控制点调整曲面，弹出"调整曲面混接"对话框，如下左图所示，可以通过拖动对话框中滑块调整混接曲面形态。单击"确定"按钮，完成曲面混接，如下右图所示。

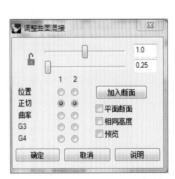 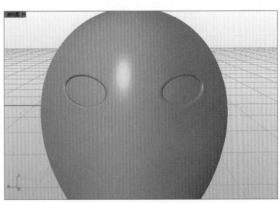

知识链接 "相同高度"选项

默认情况下，混接曲面的断面曲线会随着两个曲面边缘之间的距离进行缩放，选中该复选框可以使混接曲面的高度维持不变。

知识链接 "混接曲面"命令行中各选项含义

- "自动连锁(T)"：选取一条曲线或曲面边缘可以自动选取所有与其以"连锁连续性"选项设置的连续性相接的线段，如"连锁连续性"设置为"相切"，则与之连续性G2的曲面边缘可以自动选取，如下左图所示。
- "连锁连续性(C)"：设置自动连锁选项的连续性，分为"位置"、"相切"和"曲率"3种，分别表示G0、G1和G2连续性。
- "平面断面(P)"：强迫混接曲面的所有断面为平面，且与指定的方向平行。

● "加入断面(A)"：当混接曲面过于扭曲时，可以使用该选项控制混接曲面更多位置的形状。"平面断面"与"加入断面"这两个选项用来控制断面。在默认情况下，生成的混接曲面结构线会在局部产生扭曲，通过指定平面接曲面的结构线，可以使结构线分布整齐均匀，如下右图所示。

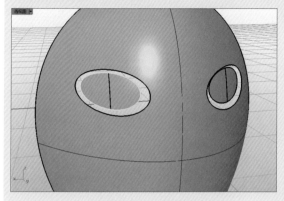 

● "连续性1(C)""连续性2(O)"：该选项可为混接曲面与两曲面的衔接设置G0~G4的连续性。

5.5.2 不等距曲面混接

"不等距曲面混接"命令可在两曲面边缘相接的曲面间生成半径不等的混接曲面，该命令只能生成G2连续性的混接曲面，与不等距圆角类似。

调用命令的方式如下。

● 菜单：执行"曲面>不等距圆角/混接/斜角>不等距曲面混接"命令。
● 按钮：右击"主要>曲面工具"工具栏中 按钮。
● 键盘命令：VariableBlendSrf。

不等距曲面混接的具体操作方法介绍如下。

步骤01 打开实例文件，右击 按钮，调用"不等距曲面混接"命令。

步骤02 命令行提示为"选取要做不等距混接的第一个曲面(半径(R)=1)："时，选择第一个曲面，如下左图所示。

步骤03 命令行提示为"选取要做不等距混接的第二个曲面(半径(R) = 1)："时，选择第二个曲面。

步骤04 命令行提示为"选取要编辑的混接控制杆(新增控制杆(A) 复制控制杆(C) 设置全部(S) 连接控制杆(L) =否 路径造型(R) =滚球 修剪并组合(T)=否 预览(P))："时，选择新增控制杆，添加三个控制杆，如下右图所示。

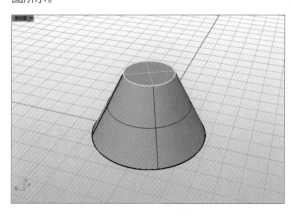 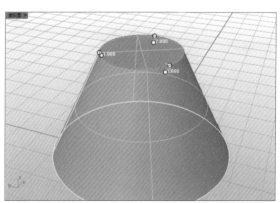

步骤05 命令行提示为"指定混接控制杆的新位置。按Enter完成(目前的半径(C)=1):"时,按回车键,并设定每个混接半径的大小,半径分别为1.000、3.000、1.000、3.000,按回车键,完成不等距混接曲面,如右图所示。

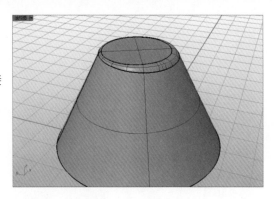

5.6 曲面拼接

衔接曲面和合并曲面都是将两曲面拼接到一起。衔接曲面可以调整曲面边缘使其与其他曲面形成G0~G2的连续性。合并曲面可将两个未修剪且边缘重合的曲面合并为单一曲面。

5.6.1 曲面的衔接

衔接曲面适用于非常接近的曲面边缘,衔接曲面只需做小幅调整就可完成精确衔接。调用命令的方式如下。

● 菜单:执行"曲面>曲面编辑工具>衔接"命令。
● 按钮:单击"主要>曲面工具"工具栏中👆按钮。
● 键盘命令:MatchSrf。

需要说明的是,利用该命令改变的曲面边缘必须是未修剪的边缘。同时,封闭的曲面边缘不能衔接到开放的边缘。

进阶案例 衔接曲面

下面将通过具体的案例来介绍衔接曲面的方法。

01 打开实例文件,单击👆按钮,调用衔接曲面命令。

02 命令行提示为"选取要改变的未修剪曲面边缘(多重衔接(M)):"时,选择要改变的曲面边缘,如下左图所示。

03 命令行提示为"选取要衔接至的边缘(连锁边缘(C)):"时,选择要衔接至的边缘。

04 弹出"衔接曲面"对话框,选择"连续性"选项组中的"曲率"单选按钮,如下右图所示,单击"确定"按钮,完成曲面衔接。

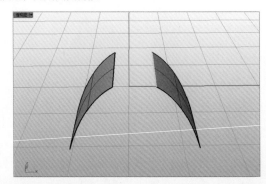
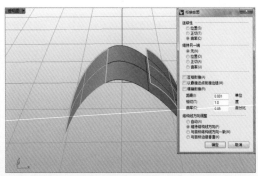

- "连续性"选项组：指定两曲面间的连续性，范围为G0~G2。
- "互相衔接(A)"复选框：如果目标曲面的边缘是未修剪边缘，两个曲面的形状会被互相衔接调整。
- "精确衔接(R)"复选框：若衔接后两曲面边缘的误差大于绝对公差，则会在曲面上增加ISO，使两个曲面边缘的误差小于绝对公差。
- "以最接近点衔接边缘(M)"复选框：要衔接的曲面边缘每个控制点会与目标曲面边缘的最近点进行衔接，否则两个曲面边缘会对齐。
- "维持另一端(E)"复选框：当两曲面边缘节点不同时，会加入控制点，保持另一端不被改变。
- "结构线方向调整"复选框：设置要衔接的曲面结构线的方向，以调整衔接曲面的形态。

5.6.2 曲面的合并

调用命令的方式如下。

- 菜单：执行"曲面>曲面编辑工具>合并"命令。
- 按钮：单击"主要>曲面工具"工具栏中 按钮。
- 键盘命令：MergeSrf。

合并曲面的具体操作方法介绍如下。

步骤01 打开实例文件，单击 按钮，调用合并曲面命令。

步骤02 命令行提示为"选取一对要合并的曲面(平滑(S) =是 公差(T) = 0.001 圆度(R)=1)："时，选择要合并的曲面，如右图所示。

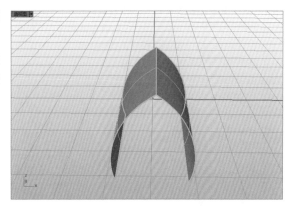

步骤03 命令行提示为"选取一对要合并的曲面(平滑(S) =是 公差(T) = 0.001 圆度(R)=1)："时，选择要合并的曲面，完成曲面合并，如右图所示。

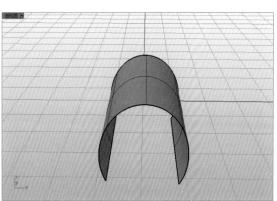

"合并"命令行中各选项含义

- "平滑(S)"：选择"是"，则平滑地合并两个曲面，合并后的曲面比较适合以控制点调整，但曲面会有较大变形。否则曲面相接的边缘比较尖锐，如右图所示。
- "公差(T)"：两个要合并的边缘距离必须小于的公差值。
- "圆度(R)"：设定合并曲面的圆度，设置的数值必需介于0（尖锐）与1（平滑）之间。

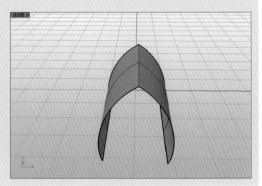

5.7　曲面重建

重建曲面工具和重建曲线工具类似，可以对曲面上的UV控制线、曲率等进行调整，对于自由曲面的形态调整有很大作用。

调用命令的方式如下。

- 菜单：执行"编辑>重建"命令。
- 按钮：单击"主要>曲面工具"工具栏中 按钮。
- 键盘命令：Rebuild。

重建曲面的具体操作方法介绍如下。

步骤01 打开如下左图所示的实例文件，单击 按钮，调用重建曲面命令。

步骤02 命令行提示为"选取要重建的曲线或曲面："时，选择需要重建的曲面，按回车键，完成选择。

步骤03 弹出"重建曲面"对话框，修改曲面控制点和阶数，单击"确定"按钮，完成曲面重建，如下右图所示。

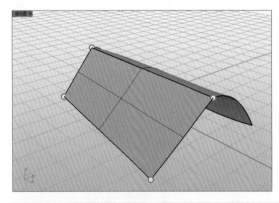
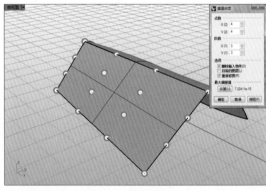

"重建曲面"对话框中各选项说明

- "点数"选项组：设置曲面重建后UV两个方向的控制点数，点数越多曲面越易调节，但是控制点越多曲面越不平滑，调节难度也会增大，可根据需要设置。
- "阶数"选项组：设置曲面重建后的阶数，可以设置为1~11，直面的阶数为1。
- "删除输入物体(D)"复选框：用于建立新物体的物体会被删除，会导致无法记录建构历史。
- "目前的图层(L)"复选框：在目前的图层建立新曲面，取消选择则在原曲面图层建立新曲面。
- "重新修剪(R)"复选框：以原边缘曲线修剪重建后的曲面。
- "计算(U)"按钮：计算原曲面和重建后的曲面偏差值。

5.8 通过控制点编辑曲面

曲面细节的调整无法通过曲面创建工具完成，只能使用曲面编辑工具。通过调节控制点调整曲面是很常用的方法，适用于任何复杂的曲面，与3ds Max中的可编辑多边形类似。

5.8.1 改变曲面阶数

编辑曲面时，可改变曲面阶数，重新调整结构线和控制点。

调用命令的方式如下。

- 菜单：执行"编辑>改变阶数"命令。
- 按钮：单击"主要>曲面工具"工具栏中🔲按钮。
- 键盘命令：ChangeDegree。

改变曲面阶数的具体操作方法介绍如下。

步骤01 打开如右图所示的实例文件，单击🔲按钮，调用改变阶数命令。

步骤02 命令行提示为"选取要改变阶数的曲线或曲面："时，选择要改变的曲面。

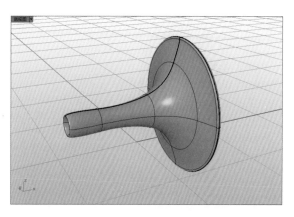

步骤03 命令行提示为"选取要改变阶数的曲线或曲面。按Enter完成："时，按回车键，完成选择。

步骤04 命令行提示为"新的U阶数<2>(可塑形的(D)=否)："时，输入新的阶数4，按回车键。

步骤05 命令行提示为"新的V阶数<2>(可塑形的(D)=否)："时，输入新的阶数4，按回车键，如下图所示。

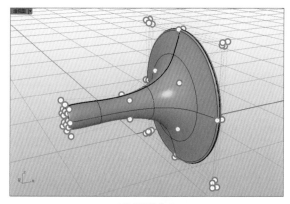

U/V 阶数为 2

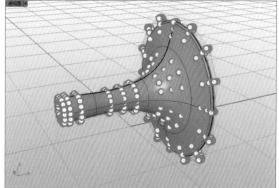

U/V 阶数为 4

知识链接 ➤ **"可塑形的"选项**

"可塑形的(D)"：选择"是"，原来的曲线/曲面的阶数和改变后的阶数不同时，曲线会稍微变形，但不会产生复节点。选择"否"，原曲线/曲面阶数小于改变后的阶数时，新曲线/曲面会保持形状不变，但会产生复节点；若原曲面阶数大于改变后的，则曲面会稍微变形，但不会产生复节点。

专家技巧：阶数的设置

- 提高曲面阶数时，控制点增加，曲面会变得平滑。
- 改变阶数时增加或减少的控制点数依改变的阶数而定，阶数越高，控制点越多。

5.8.2　缩回已修剪曲面

　　曲面被修剪后，还会保持原有的结构线和控制点，"缩回已修剪曲面"命令可以使原始的曲面边缘缩回到曲面的修剪边缘附近，便于编辑曲面。

　　调用命令的方式如下。

- 菜单：执行"曲面>曲面编辑工具>缩回已修剪曲面"命令。
- 按钮：单击"主要>曲面工具"工具栏中■按钮。
- 键盘命令：ShrinkTrimmedSrf。

　　缩回已修剪曲面的具体操作方法介绍如下。

步骤01 打开如下左图所示的实例文件，单击■按钮，调用"缩回已修剪曲面"命令。

步骤02 命令行提示为"选取要缩回的已修剪曲面："时，选择曲面。

步骤03 命令行提示为"选取要缩回的已修剪曲面。按Enter完成："时，按回车键完成选择，如下右图所示。

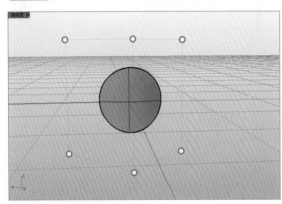 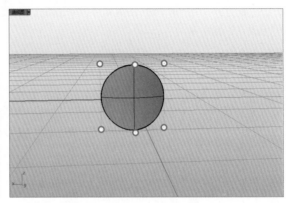

专家技巧：通过控制点编辑

调整完曲面的结构线和控制点后，即可通过调整曲面控制点来改变曲面形状，与编辑曲线控制点相同。调用命令的方式如下。

- 菜单：执行"编辑>控制点>开启控制点"命令。
- 按钮：单击"主要"工具栏中■按钮。
- 键盘命令：PointsOn。

5.9　曲面检测和分析

　　在建模过程中，经常需要对曲面进行分析，为后面的建模提供参照，Rhino 5.0提供了丰富的曲面检测和分析工具。

5.9.1　分析方向

　　调用命令的方式如下。

- 菜单：执行"分析>方向"命令。
- 按钮：单击"主要>曲面工具"工具栏中■按钮。
- 键盘命令：Dir。

专家技巧：曲面方向的应用技巧

- 直接单击箭头即可改变曲面方向。
- 封闭的曲面、多重曲面的法线方向只能朝外。
- 若曲面方向不一致，渲染时可能会出现错误，方向相反的曲面不显示，因此在建模过程中一定要检测曲面方向。

进阶案例 分析曲面的法线方向

下面将通过案例来介绍分析曲面法线方向的方法。

01 打开如下图所示的实例文件，单击█按钮，调用"分析方向"命令。命令行提示为"选取要显示方向的物体："时，选择要分析的曲面。

02 命令行提示为"按Enter完成(反转U(U) 反转V(V) 对调UV(S) 反转(F))："时，按回车键完成曲面方向分析，如下图所示，两相接曲面方向不一致。

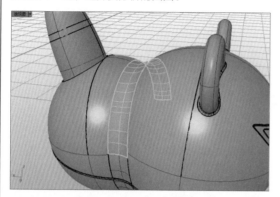
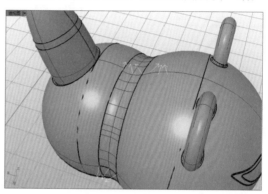

知识链接 "分析方向"命令行中各选项含义

- "反转(F)"：反转曲面方向。
- "反转U/反转V"：反转U或V方向。
- "对调UV"选项：对调曲面的UV方向。

5.9.2 斑马纹分析

斑马纹分析可在曲面或网格上显示分析条纹，这个命令可以显示曲面间的连续性，以视觉的方式分析曲面的平滑度、曲率和其他属性，是检查曲面质量很常用的工具。

调用命令的方式如下。

- 菜单：执行"分析>曲面>斑马纹"命令。
- 按钮：单击"主要>曲面工具>曲率分析"工具栏中█按钮。
- 键盘命令：Zebra。

5.9.3 曲率分析

曲面的检测和分析是很重要的内容，Rhino建模的关键在于细节，要想处理好曲面，必须要借助相应的检测和分析工具。曲率分析通过在曲面上显示曲率分析的假色，可以显示曲面的各种类型的曲率信息，是检查曲面质量很常用的工具。

调用命令的方式如下。

- 菜单：执行"分析>曲面>曲率分析"命令。
- 按钮：单击"主要>曲面工具"工具栏中█按钮。
- 键盘命令：CurvatureAnalysis。

进阶案例 运用曲率分析

下面将通过案例来介绍分析曲面曲率的操作方法。

01 打开如下图所示的实例文件，单击 ✎ 按钮，调用曲率分析命令。

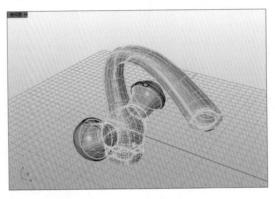

02 命令行提示为"选取要做曲率分析的物体："时，选择要分析的曲面。

03 命令行提示为"选取要做曲率分析的物体。按Enter完成："时，按回车键结束选择。

04 弹出"曲率"对话框，如下左图所示。完成曲率分析，如下右图所示。

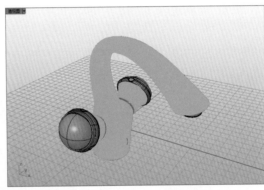

知识链接 "曲率"对话框中主要选项介绍

（1）"造型"选项组

选择显示曲率的形式，可以找出曲面形状不正常的位置。例如，突起、凹洞曲面的某个部分会大于或小于周围。

● "高斯"曲率可以判断一个曲面是否为可展开平面，红色表示正数，绿色为0，蓝色为负数。

● "平均"显示平均曲率的绝对值，用于找出曲面曲率变化较大的部分。

● "条纹粗细"分析自由造型的NURBS曲面时，必须使用较精细的网格才能得到准确的分析结果。

（2）"最大范围"按钮

将红色对应到曲面曲率最大的部分，将蓝色对应到曲面曲率最小的部分。

课后练习

一. 选择题

1. 单击（　　）按钮，可以调用曲面修剪命令。

    A. 📎   B. 🐦

    C. 🕊   D. 🕊

2. 想要在两个曲面之间建立不等半径的相切圆角曲面，应调用（　　）命令。

    A. 混接曲面   B. 不等距圆角曲面

    C. 曲面衔接   D. 曲面斜角

3. 改变阶数时，增加或减少的控制点数依改变的阶数而定，阶数（　　），控制点越多。

    A. 越多   B. 越少

    C. 越高   D. 越低

4. 右击　按钮，可以调用（　　）命令。

    A. 分析方向   B. 显示边缘

    C. 反转方向   D. 水平对齐

二. 填空题

1. 在创建不等距的圆角曲面时，两曲面必须有_____才可完成创建。

2. 曲面衔接时，要改变的曲面边缘必须是_____的边缘。

3. 想要增加或减少曲面的控制点数，可以通过_____命令执行。

4. 斑马纹分析命令可以显示曲面间的_____，以视觉的方式分析曲面的平滑度、曲率和其他属性，是检查曲面质量很常用的工具。

三. 操作题

根据本章所学习的知识，制作如下图所示的铅笔刀。

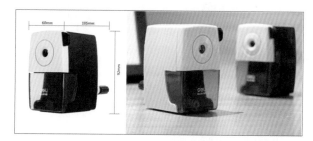

提示▶ 操作提示

● 挤出6个曲面，这6个曲面的交集部分便是铅笔刀的整体造型；

● 使用"自动建立实体"命令，这样便完成了整体造型的创建；

● 制作适当的倒角；

● 使用布尔命令依次制作需要的零部件。

Chapter

06

尺寸标注

Rhino 5.0具有2D视图的生成功能，用户可以进行必要的尺寸标注和注解。若要建立详细的工程图，则可以将生成的2D视图导入AutoCAD中进行编辑处理。

知识要点

① 尺寸标注
② 设置尺寸标注
③ 生成2D视图
④ 导出视图文件

上机安排

学习内容	学习时间
● 基本尺寸标注	30分钟
● 标注引线	15分钟
● 文字方块	10分钟
● 建立2D图面	15分钟
● 创建机械零件模型	30分钟
● 标注并导出机械零件	20分钟

6.1 基本尺寸标注

尺寸标注可以清晰地展示一个物件或一件产品的基本尺寸数据。

6.1.1 直线尺寸标注

直线尺寸标注可以对水平边或垂直边进行标注。

调用命令的方式如下。

● 菜单：执行"尺寸标注>直线尺寸标注"命令。

● 按钮：单击"主要>出图"工具栏中🔲按钮。

● 键盘命令：Dim。

对工业模型进行尺寸标注的具体操作方法介绍如下。

步骤01 打开如下图所示的实例文件，单击🔲按钮，调用"直线尺寸标注"命令。

步骤02 命令行提示为"尺寸标注的第一点(造型(S):"时，在顶视图中指定尺寸标注第一点A，如下图所示。

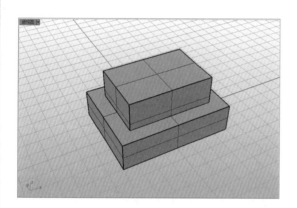

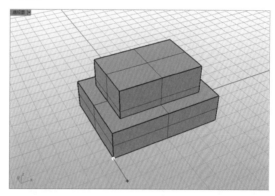

步骤03 命令行提示为"尺寸标注的第二点:"时，在顶视图中指定尺寸标注的第二点B，如下图所示。

步骤04 命令行提示为"尺寸标注的位置（垂直(V)水平(H)）:"时，在顶视图中拖动鼠标，单击指定尺寸标注的位置，完成直线尺寸标注，如下图所示。

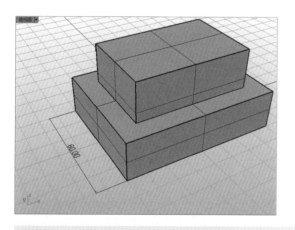

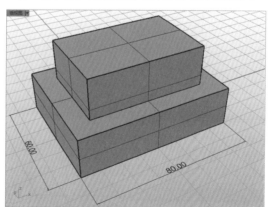

知识链接 "直线尺寸标注"命令行中各选项含义

● 造型(S)：输入尺寸标注样式的名称。

● 垂直(V)：建立与工作平面Y轴平行的尺寸标注。

● 水平(H)：建立与工作平面X轴平行的尺寸标注。

6.1.2 对齐尺寸标注

对齐尺寸标注可以用来对斜边进行标注。

调用命令的方式如下。

● 菜单：执行"尺寸标注>对齐尺寸标注"命令。

● 按钮：单击"主要>出图"工具栏中 按钮。

● 键盘命令：DimAligned。

对齐尺寸标注的具体操作方法介绍如下。

步骤01 打开如下图所示的实例文件，单击 按钮，调用"对齐尺寸标注"命令。

步骤02 命令行提示为"尺寸标注的第一点造型(S)："时，在前视图中指定尺寸标注的第一点A，如下图所示。

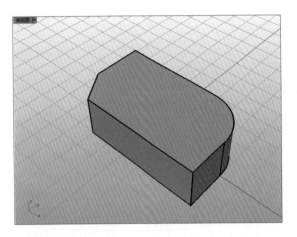

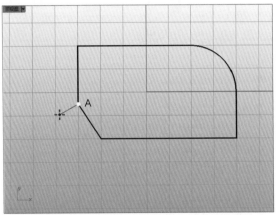

步骤03 命令行提示为"尺寸标注的第二点："时，在前视图中指定尺寸标注的第二点B，如下图所示。

步骤04 命令行提示为"尺寸标注的位置(垂直(V)水平(H))："时，在前视图中拖动鼠标，单击以指定尺寸标注的位置，完成对齐尺寸标注，如下图所示。

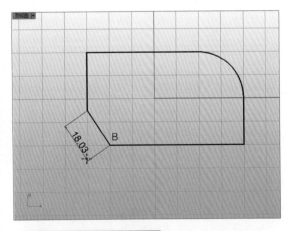

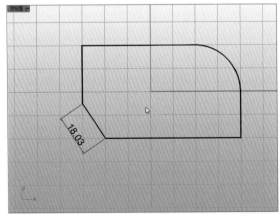

专家技巧：尺寸标注的注意事项

● 尺寸标注总是和目前的工作平面平行。

● 尺寸标注时需要打开"物件锁定"功能以捕捉尺寸标注点。

6.1.3 旋转尺寸标注

旋转尺寸标注可以对直线或斜线进行尺寸标注，同时允许该尺寸标注旋转一定角度。

调用命令的方式如下。

● 菜单：执行"尺寸标注>旋转尺寸标注"命令。

● 按钮：单击"主要>出图"工具栏中 按钮。

● 键盘命令：DimRotated。

旋转尺寸标注的具体操作方法介绍如下。

步骤01 打开如下图所示的实例文件，单击 按钮，调用"旋转尺寸标注"命令。

步骤02 命令行提示为"旋转角度："时，在顶视图中指定旋转角度参考点A。命令行提示为"旋转角度："时，在顶视图中指定旋转角度参考点B，如下图所示。

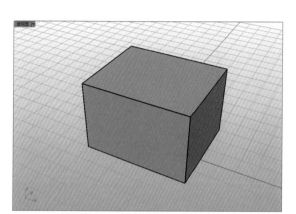

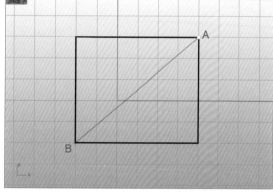

步骤03 命令行提示为"尺寸标注的第一点(造型(S))："时，在顶视图中指定尺寸标注的第一点C。命令行提示为"尺寸标注的第二点："时，在顶视图中指定尺寸标注的第二点D，如下图所示。

步骤04 命令行提示为"尺寸标注的位置："时，在顶视图中指定旋转尺寸标注位置，完成旋转尺寸标注，如下图所示。

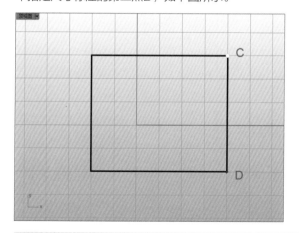

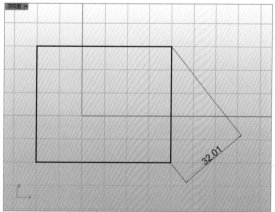

知识链接 "旋转尺寸标注"命令行中选项说明

造型(S)：输入尺寸标注样式的名称。

6.1.4 角度尺寸标注

角度尺寸标注可以对两条直线的夹角进行尺寸标注。

调用命令的方式如下。

- 菜单：执行"尺寸标注>角度尺寸标注"命令。
- 按钮：单击"主要>出图"工具栏中 按钮。
- 键盘命令：DimAngle。

角度尺寸标注的具体操作方法介绍如下。

步骤01 打开如下图所示的实例文件，单击 按钮，调用"角度尺寸标注"命令。

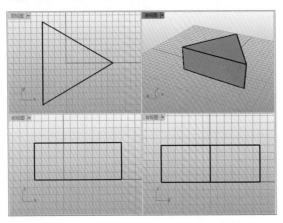

步骤02 命令行提示为"选取第一条直线(造型(S))："时，在前视图中选取一条直线边，如下图所示。

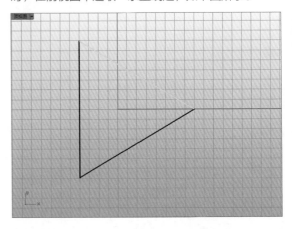

步骤03 命令行提示为"选取第二条直线(造型(S))："时，在前视图中选取第二条直线边，如下图所示。

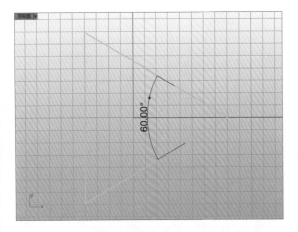

步骤04 命令行提示为"尺寸标注的位置："时，拖动鼠标单击以指定尺寸标注的位置，完成角度尺寸标注，如下图所示。

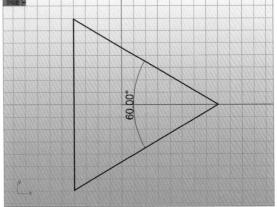

6.1.5 半径尺寸标注

半径尺寸标注可以用来标注半径尺寸。

调用命令的方式如下。

- 菜单：执行"尺寸标注>半径尺寸标注"命令。
- 按钮：单击"主要>出图"工具栏中 按钮。
- 键盘命令：DimRadius。

半径尺寸标注的具体操作方法介绍如下。

步骤01 打开如右图所示的实例文件，单击 按钮，调用"半径尺寸标注"命令。

步骤02 命令行提示为"选取要标注半径的曲线(造型(S)):"时，选取实体的轮廓。

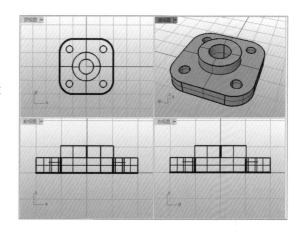

步骤03 命令行提示为"指定尺寸标注的位置:"时，拖动鼠标单击以指定尺寸标注的位置，完成半径尺寸标注，如下图所示。

步骤04 重复上述操作，完成实体其他孔的半径尺寸标注，如下图所示。

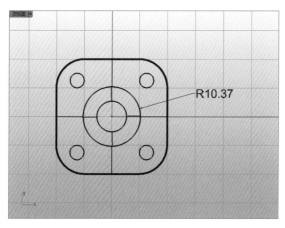

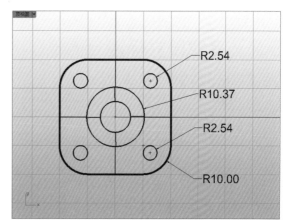

进阶案例 标注圆管直径

直径尺寸标注可以用来标注直径的尺寸，其键盘命令为DimDiameter。利用该命令标注圆管的具体操作方法介绍如下。

01 打开如右图所示的实例文件，单击 按钮，调用"直径尺寸标注"命令。

02 命令行提示为"选取要标注直径的曲线(造型(S)):"时，选取实体的轮廓。

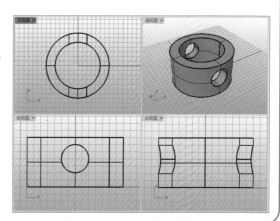

03 命令行提示为"指定尺寸标注的位置："时，拖动鼠标单击以指定尺寸标注的位置，完成直径尺寸标注，如下图所示。

04 重复上述操作，完成实体其他部分的直径尺寸标注，如下图所示。

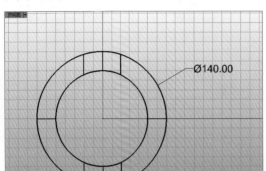

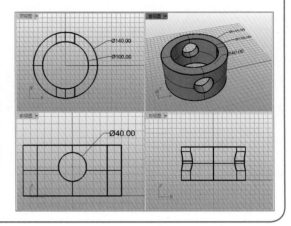

6.2　其他尺寸标注

本节将对其他常见标注类型进行介绍。

6.2.1　文字方块

"文字方块"命令可以创建平面的文字注解。

调用命令的方式如下。

● 菜单：执行"尺寸标注>文字方块"命令。

● 按钮：单击"主要>出图"工具栏中■按钮。

● 键盘命令：Text。

在执行文字标注的操作过程中，系统将弹出如右图所示的对话框，从中进行相应的设置并单击"确认"按钮即可。对话框中各选项的含义介绍如下。

●"字型"选项：选择不同字体，以及"粗体"、"斜体"等字型。

●"高度"数框：输入字体高度数值、调整文字的大小。

●"要建立的文字"：输入要写入的文字。

6.2.2　注解点

调用"注解点"命令可以在视图中创建带有文字的注解点。注解点的大小随着视图的放大或缩小而同步变化。调用命令的方式如下。

● 菜单：执行"尺寸标注>注解点"命令。

● 按钮：单击"主要>出图"工具栏中●按钮。

● 键盘命令：Dot。

在此需要说明的是，"注解"工具栏中有默认的数字图标按钮，如右图所示。

6.2.3 剖面线

调用"剖面线"命令可以在剖视图中创建剖面线。

调用命令的方式如下。

- 菜单：执行"尺寸标注>剖面线"命令。
- 按钮：单击"主要>出图"工具栏中 按钮。
- 键盘命令：Hatch。

进阶案例 **绘制剖面线**

下面将通过具体案例来介绍绘制剖面线的方法。

01 打开如右图所示的实例文件，单击 按钮，调用"剖面线"命令。命令行提示为"选取封闭的平面曲线(边界(B))："时，在顶视图中选取曲线。

02 命令行提示为"选取封闭的平面曲线。按Enter完成(边界(B))："时，按回车键。

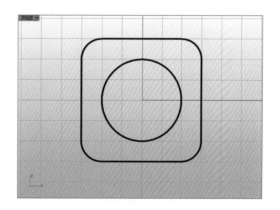

03 弹出"剖面线"对话框，如下图所示。

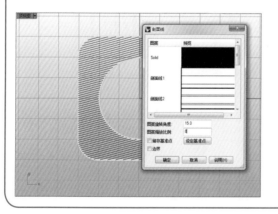

04 在"剖面线"对话框中选择Hatchl样式，输入"图案旋转角度"值为15，输入"图案缩放比例"值为8，单击"确定"按钮，创建剖面线，如下图所示。

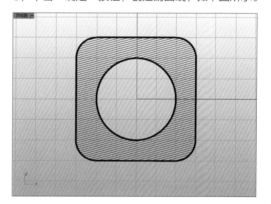

6.2.4 标注引线

标注引线可以用来创建带箭头的引线以及可附加文字的注解。

调用命令的方式如下。

- 菜单：执行"尺寸标注>标注引线"命令。
- 按钮：单击"主要>出图"工具栏中 按钮。
- 键盘命令：Leader。

进阶案例 添加标注引线

下面将通过具体的案例介绍添加标注引线的方法。

01 打开如下图所示的实例文件，单击 按钮，调用"标注引线"命令。命令行提示为"标注引线箭头尖端:"时，在顶视图中，指定标注引线箭头端点A。

02 命令行提示为"标注引线的下一点。按Enter完成:"时，在顶视图中指定标注引线的下一个端点B。命令行提示为"标注引线的下一点。按Enter完成 (复原(U)):"时，在顶视图中继续指定下一端点C，如下图所示。

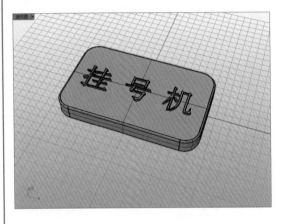

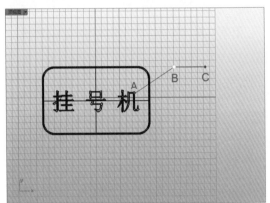

03 命令行提示为"标注引线的下一点。按Enter完成 (复原(U)):"时，按回车键。

04 弹出如下图所示"标注引线文字"对话框，在对话框中输入文本"指示"，单击"确定"按钮，完成五边形的标注引线，如右图所示。

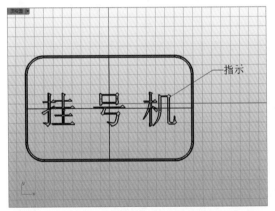

需要说明的是，在指定了箭头端点之后，可以继续指定标注引线的下一个端点，直至按回车键结束，右图为任意形状的标注引线路径。

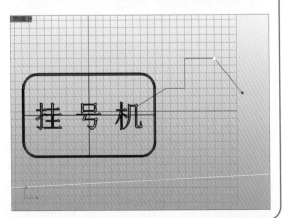

6.3 尺寸标注型式的设置

用户可以通过"文件属性"对话框对尺寸标注进行调整。

调用对话框的方式如下。

- 菜单：执行"尺寸标注>尺寸标注型式"命令。
- 按钮：单击"主要>出图"工具栏中 按钮。
- 键盘命令：DocumentPropertiesPage。

单击 按钮，调用"尺寸标注型式"命令，随后在弹出的"文件属性"对话框进行设置，如右图所示。在"文件属性"对话框中，用户可以对尺寸标注的字型、数字的格式、尺寸标注的文字高度等属性进行设置，也可以对尺寸标注箭头的样式和长度、标注引线箭头的样式和长度进行设置。

6.4 建立2D图面

Rhino 5.0提供了"建立2D图面"命令，用于生成所创建模型的2D视图。

调用命令的方式如下。

- 菜单：执行"尺寸标注>建立2D图面"命令。
- 按钮：单击"主要>出图"工具栏中 按钮。
- 键盘命令：Make2D。

建立2D视图的具体操作方法介绍如下。

步骤01 打开如下图所示的实例文件，单击 按钮，调用"建立2D图面"命令。

步骤02 命令行提示为"选取要建立2D图面的物件："时，选取棋子模型，如下图所示，按回车键。

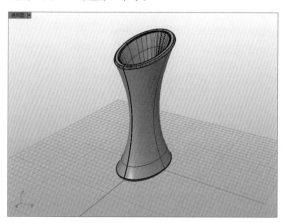

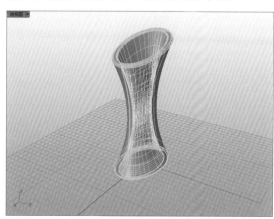

步骤03 在弹出的"2D图面选项"对话框中进行设置，如下图所示。

步骤04 在"图面配置"选项组中选择"四个视图（美国）"选项，单击"确定"按钮，生成棋子模型的2D视图，如下图所示。

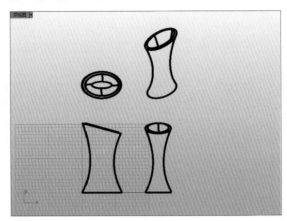

下面将对"2D图面选项"对话框中的各选项进行介绍。

1. "图面配置"选项组

- "目前的视图"单选按钮：建立目前视图的2D图面，如下左图所示。
- "目前的工作平面"单选按钮：在目前视图的工作平面建立2D图面，并且该2D视图会被放置在当前视图的参考平面上，如下右图所示。

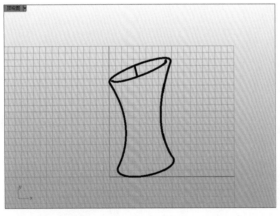

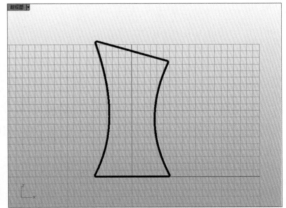

- "四个视图（美国）"单选按钮：以美国（第三角度）图面配置建立4个视图，使用世界坐标正交投影，如右图所示。

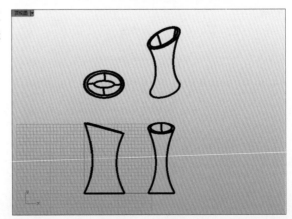

- "四个视图（欧洲）"单选按钮：以欧洲（第一角度）图面配置建立4个视图，使用世界坐标正交投影，如右图所示。

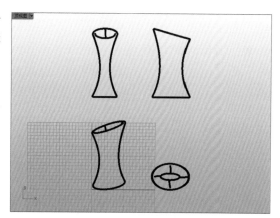

2."选项"选项组

- "显示相切边缘"复选框：在2D图面绘制曲面的相切边缘。
- "显示隐藏线"复选框：在2D图面绘制隐藏线。
- "保留来源图层名称"复选框：以对象所在图层的名称加上"可见线"、"隐藏线"、"批注"作为新建立图层的名称。

3."存放2D图面物件的图层"选项组

- "可见线"下拉列表：选取放置可见线的图层或输入新图层的名称。
- "隐藏线"下拉列表：选取放置隐藏线的图层或输入新图层的名称。
- "注解"下拉列表：选取放置尺寸标注的图层或输入新图层的名称。

进阶案例 **导出视图文件**

　　创建模型的2D图面后，可根据需要对2D视图进行导出。导出的视图文件可以导入到其他软件（如Auto-CAD）中作为参考或进行再修改。

　　导出视图文件的具体操作方法介绍如下。

01 打开如右图所示的实例文件，单击 按钮，调用"建立2D图面"命令。

02 命令行提示为"选取要建立2D图面的物件："时，选取模型，按回车键。

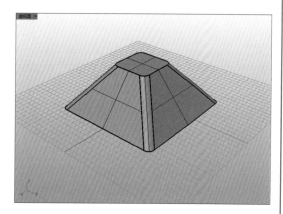

03 弹出"2D图面选项"对话框，在"图面配置"选项组中，选择"四个视图（美国）"单选按钮，单击"确定"按钮，创建2D图面，如右图所示。

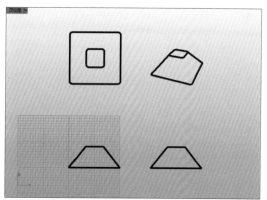

04 对2D视图进行尺寸标注，主要的尺寸标注命令有直线尺寸标注、对齐尺寸标注、纵坐标尺寸标注和半径尺寸标注，完成尺寸标注，如右图所示。

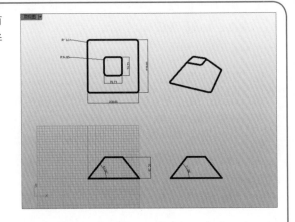

05 将实体模型隐藏，文件另存为dwg格式，如下图所示。

06 在AutoCAD中打开刚保存的文件并进行修改，如下图所示。

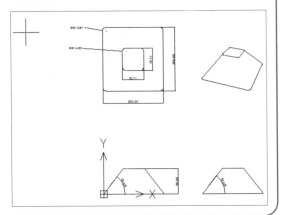

进阶案例 创建并导出机械零件

下面我们通过一个案例巩固前面所学的内容。

1. 机械零件的创建

01 在前视图中绘制一个如下图所示的封闭轮廓线。

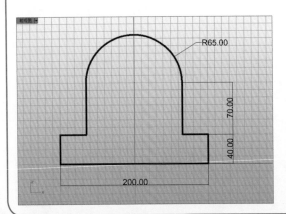

02 采用挤出封闭曲线的方式创建曲面，在命令行中选择"两侧(B)=是"，挤出长度为50，如下图所示。

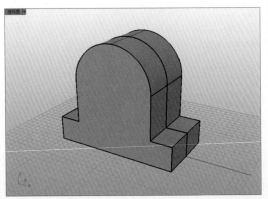

03 将不需要的轮廓线隐藏，如下图所示。

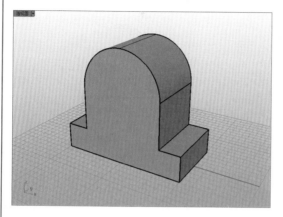

04 捕捉中心点，在前视图中画半径分别为55和40的两个圆，如下图所示。

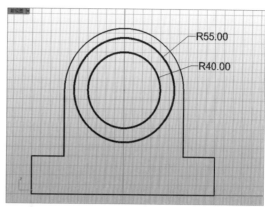

R55.00

R40.00

05 将半径为40的圆挤出一定的长度，如下图所示。

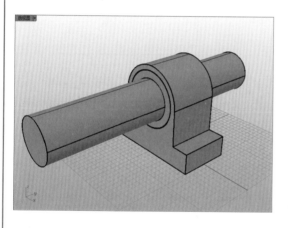

06 将步骤02的挤出物件与上一步挤出的圆柱做布尔差集运算，如下图所示。

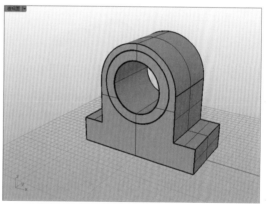

07 采用挤出封闭曲线的方式创建曲面，将半径为55的圆挤出，在命令行中选择"两侧(B)=是"，挤出长度为5，如下图所示。

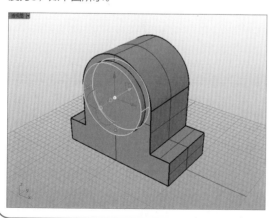

08 将挤出的圆柱镜像，如下图所示。

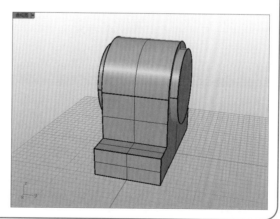

09 对两个圆柱体与主体进行布尔差集运算，在顶视图的适当位置画一个半径为5的圆，如下图所示。

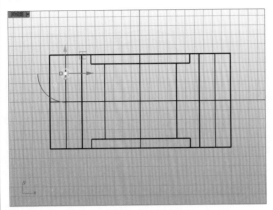

10 将半径为5的圆挤出一定的长度，如下图所示。

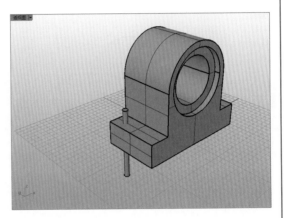

11 将上一步挤出的圆柱体沿x轴镜像，如下图所示。

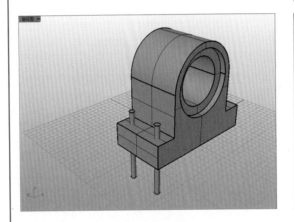

12 将上一步中创建的两个圆柱沿y轴镜像，如下图所示。

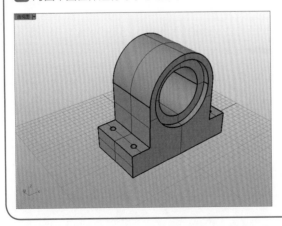

13 对四个圆柱体进行布尔差集运算，如下图所示。

14 将四个洞的边缘倒切角，半径为2，如下图所示。

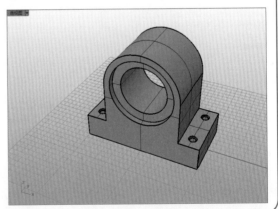

15 将需要倒圆角的几个边缘倒半径为4的圆角，如右图所示，这样便完成了零件的创建。

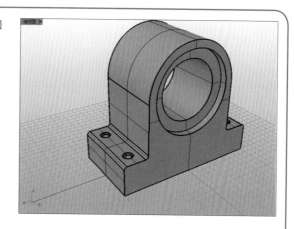

2. 建立2D视图并标注尺寸

01 选中创建好的零件，单击 按钮，弹出如下图所示对话框，选择"四个视图（美国）"单选按钮。

02 设置完成后，单击"确定"按钮，完成2D视图的创建，如下图所示。

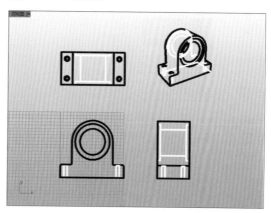

03 对2D视图进行尺寸标注，主要的尺寸标注命令有直线尺寸标注、对齐尺寸标注、纵坐标尺寸标注和半径尺寸标注，完成尺寸标注后的效果如下图所示。

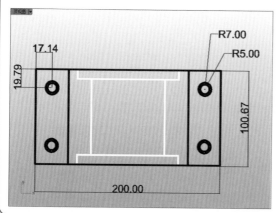

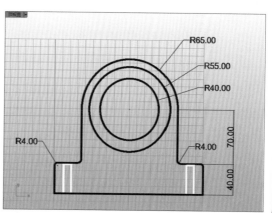

04 单击 ⬛ 按钮，对如右图所示区域创建剖面线。

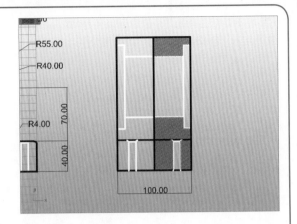

05 "剖面线"对话框的设置如下图所示。

06 检查是否有遗漏的细节，最终创建好的2D视图如下图所示。

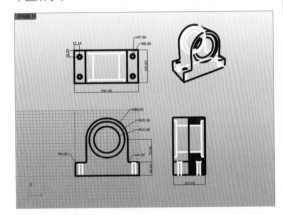

3. 导出CAD文件

01 将文件另存为dwg格式文件，如下图所示。

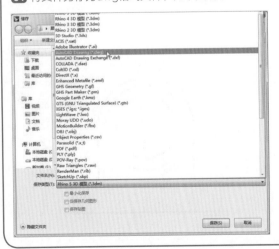

02 在AutoCAD中打开保存的文件并进行修改，如下图所示。

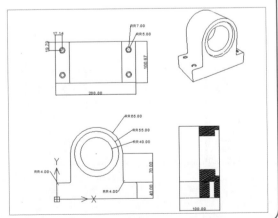

课后练习

一. 选择题

1. 单击（　　）按钮可以调用对齐尺寸标注命令。

A. [图]   B. [图]

C. [图]   D. [图]

2. 单击（　　）按钮可以调用设置线型命令。

A. [图]   B. [图]

C. [图]   D. [图]

3. 旋转尺寸标注可以对直线或斜线进行尺寸标注，同时允许该尺寸标注（　　）一定角度。

A. 偏移   B. 旋转

C. 缩放   D. 变动

4. 建立2D视图时，想要在目前视图的工作平面建立2D图面，应该勾选"2D图面选项"对话框中"图面配置"选项组的（　　）选项。

A. 目前的视图   B. 目前的工作平面

C. 四个视图（美国）   D. 四个视图（欧洲）

二. 填空题

1. 单击[图]按钮可以创建_____。

2. 调用_____命令可以在视图中创建带有文字的注解点。

3. 单击[图]按钮，可以调用_____命令。

4. 将Rhino文件导出到AutoCAD中，可以将文件另存为_____格式。

三. 操作题

制作如右图所示的模型并导出2D视图。

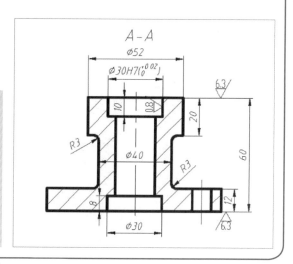

> **提示 ▶ 操作提示**
> - 创建直径为72，高度为12的圆柱；
> - 创建直径为40，高度为28的圆柱；
> - 创建直径为53，高度为20的圆柱；
> - 将三个圆柱布尔并集为一个整体，并为边缘线倒角；
> - 创建直径为24，高度为70的圆柱，并与整体做布尔差集运算；
> - 分别创建两个直径为30的圆柱，与整体做布尔差集运算；
> - 在底盘的位置上打一个直径为6的洞。

Chapter

07

实体建模

创建实体的方式多种多样，Rhino提供了标准实体模型的创建命令，用户可以直接创建立方体、球体、椭圆体、圆锥体和棱锥体等标准实体模型。另外，还可以通过曲面的挤出创建不规则的实体模型。利用Rhino提供的布尔运算命令，可以创建更为复杂的实体。

知识要点

① 标准实体创建
② 挤出实体创建
③ 实体的布尔运算
④ 实体倒角

上机安排

学习内容	学习时间
● 创建标准实体	35分钟
● 创建挤出实体	20分钟
● 布尔运算	30分钟
● 实体倒角	40分钟
● 创建多士炉模型	45分钟

7.1 创建标准实体

Rhino 5.0为用户提供了多种标准实体模型，包括立方体、球体、椭圆体、圆锥体、金字塔、圆柱体、圆柱管、圆环体、圆管等，且每种标准模型都包含多种创建方式。右图为实体工具栏，本节将对常见的10种标准实体模型的创建方式进行详细介绍。

7.1.1 立方体

调用命令的方式如下。

- 菜单：执行"实体>立方体"命令。
- 按钮：单击"主要>实体"工具栏中 按钮。
- 键盘命令：Box。

创建立方体的具体操作方法介绍如下。

步骤01 单击 按钮，调用"立方体"命令。命令行提示为"底面的第一角:(对角线(D) 三点(P) 垂直(V) 中心(C)):"时，在顶视图中指定立方体的第一个角点A，如下图所示。

步骤02 命令行提示为"底面的其他角或长度:"时，在顶视图中指定立方体第二个角点B。命令行提示为"高度. 按回车套用宽度:"时，输入立方体高度值为5，按回车键，完成立方体的创建，如下图所示。

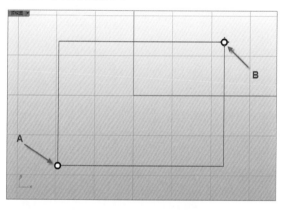

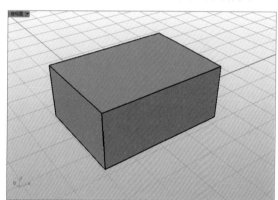

> **知识链接** "立方体"命令行中各选项含义
>
> - 对角线(D)：指定底面对角线和高度创建立方体。
> - 三点(P)：指定三点和高度创建立方体。
> - 垂直(V)：创建与工作平面垂直的立方体。
> - 中心(C)：指定底面中心点和高度创建立方体。

7.1.2 球体

调用命令的方式如下。

- 菜单：执行"实体>球体"命令。
- 按钮：单击"主要>实体"工具栏中 按钮。
- 键盘命令：Sphere。

创建球体的具体操作方法介绍如下。

步骤01 单击 按钮，调用"球体"命令。命令行提示为"球体中心点:(两点(P) 三点(O) 相切(T) 环绕曲线(A) 四(I) 配合点(F)):"时，在顶视图中指定球体的中心点O，如下图所示。

步骤02 命令行提示为"半径<6.000>(直径(D)):"时，输入球体半径值为6，按回车键，完成球体的创建，如下图所示。

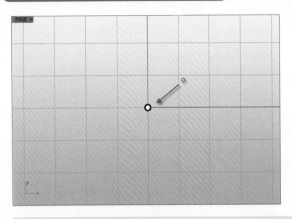
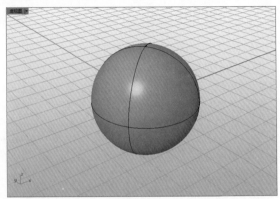

"球体"命令行中各选项含义

- 两点(P): 指定两点确定球体的直径。
- 三点(O): 指定三点创建球体, 3点构成球体最大截面。
- 相切(T): 创建与已知曲线相切的球体。
- 环绕曲线(A): 在已知曲线上指定一点, 作为球心, 创建在该点与曲线垂直的球体。
- 四点(I): 指定4点创建球体, 前3个点确定基底圆形, 第4个点决定球体的大小。
- 配合点(F): 配合多个点创建球体。

7.1.3 椭圆体

调用命令的方式如下。

- 菜单: 执行"实体>椭圆体"命令。
- 按钮: 单击"主要>实体"工具栏中 ● 按钮。
- 键盘命令: Ellipsoid。

创建椭圆体的具体操作方法介绍如下。

步骤01 单击 ● 按钮, 调用"椭圆体"命令。命令行提示为"椭圆体中心点(角(C), 直径(D) 从焦点(F) 环绕曲线(A)):"时, 在顶视图中指定椭圆体中心点O, 如下图所示。命令行提示为"第一轴终点(角(O)):"时, 在顶视图中指定第一轴终点A。命令行提示为"第二轴终点:"时, 在顶视图中指定第二轴终点B。

步骤02 命令行提示为"第三轴终点:"时, 在前视图中指定第三轴终点C, 如下图所示。

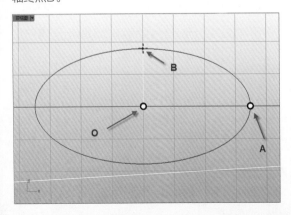
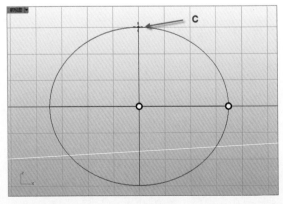

步骤03 按回车键，完成椭圆体的创建，如右图所示。

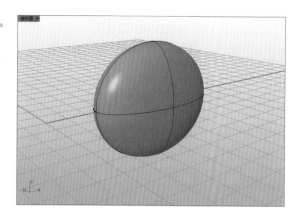

> **知识链接** **"椭圆体"命令行中各选项含义**
> - 角(O)：指定两角点绘制椭圆，再指定第三轴终点，创建椭圆。
> - 直径(D)：指定直径两端点，再指定第三轴终点，创建椭圆体。
> - 从焦点(F)：指定两焦点，再指定椭圆体上的点，创建椭圆体。
> - 环绕曲线(A)：在已知曲线上指定椭圆体的中心点，创建在该点与曲线垂直的椭圆体。

7.1.4 圆锥体

调用命令的方式如下。
- 菜单：执行"实体>圆锥体"命令。
- 按钮：单击"主要>实体"工具栏中 按钮。
- 键盘命令：Cone。

创建圆锥体的具体操作方法介绍如下。

步骤01 单击 按钮，调用"圆锥体"命令。

步骤02 命令行提示为"圆锥体底面(方向限制(D) = 垂直 两点(P) 三点(O) 相切(T) 配合点(F))："时，在顶视图中指定圆锥体底面中心点O，如右图所示。

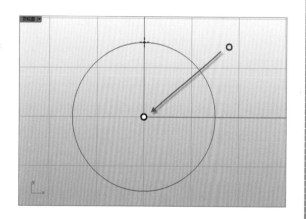

步骤03 命令行提示为"半径<5.000>(直径(D))："时，输入底面半径值为5，按回车键。命令行提示为"圆锥体顶点："时，指定圆锥体顶点A，如下图所示。

步骤04 按回车键，完成圆锥体的创建，效果如下图所示。

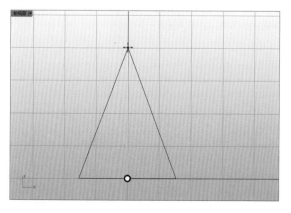

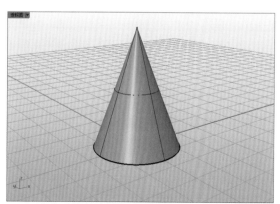

- 方向限制(D)：选择"无"时，方向限制的基准点可以是3D空间中的任何一点；选择"垂直"时，绘制一个与工作平面垂直的圆；选择"环绕曲线"时，绘制一个与曲线垂直的圆。
- 两点(P)：指定两点确定底面圆直径，创建圆锥体。
- 三点(O)：指定三点确定底面圆，创建圆锥体。
- 相切(T)：绘制一个与数条曲线相切的底面圆，创建圆锥体。
- 配合点(F)：绘制一个配合多个点的底面圆，创建圆锥体。

7.1.5 金字塔

调用命令的方式如下。

- 菜单：执行"实体>棱锥"命令，
- 按钮：单击"主要>实体"工具栏中 ▲ 按钮。
- 键盘命令：Pyramid。

创建金字塔的具体操作方法介绍如下。

步骤01 单击 ▲ 按钮，调用"棱锥"命令。

步骤02 命令行提示为"内接棱锥中心点（边数(N)=5 外切(C) 边(E) 星形(S) 方向限制(D)=垂直）："时，在顶视图中指定棱锥体底面中心点O，如右图所示。

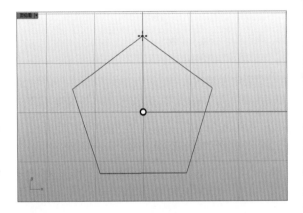

步骤03 命令行提示为"棱锥的角(边数(N)=5)："时，输入棱锥体底面边数值为5，按回车键。

步骤04 命令行提示为"棱锥的角(边数(N)=5)："时，在顶视图中指定棱锥体底面的角点A。

步骤05 命令行提示为"指定点："时，在前视图中指定棱锥体顶点B，如下图所示。

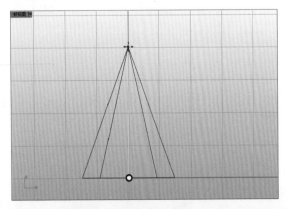

步骤06 按回车键，完成棱锥体的创建，效果如下图所示。

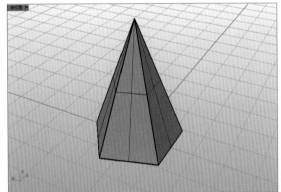

- 边数(N)：设置棱锥体底面正多边形的边数。
- 外切(C)：指定底面正多边形内切圆，创建棱锥体。
- 边(E)：指定底面正多边形的边长，创建棱锥体。
- 星形(S)：指定星形的底面，创建棱锥体。
- 方向限制(D)：参见"圆锥体"一节中的相关选项。

7.1.6 平顶锥体

调用命令的方式如下。

● 菜单：执行"实体>平顶锥体"命令。

● 按钮：单击"主要>实体"工具栏中 🔺 按钮。

● 键盘命令：TCone。

创建平顶椎体的具体操作方法介绍如下。

步骤01 单击 🔺 按钮，调用"平顶锥体"命令。命令行提示为"平顶锥体底面中心点(方向限制(D)=垂直 两点(P) 三点(O) 相切(T) 配合点(F)):"时，在顶视图中指定平顶锥体底面中心点O，如下图所示。

步骤02 命令行提示为"底面半径<6.000>(直径(D):"时，输入底面半径值6，按回车键。命令行提示为"平顶锥体顶面中心点<10.000>:"时，指定平顶锥体顶面中心点。命令行提示为"顶面半径<3.000>(直径(D)):"时，输入平顶锥体顶面半径值为3，按回车键，完成平顶锥体的创建，如下图所示。

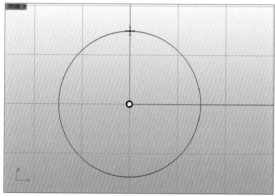 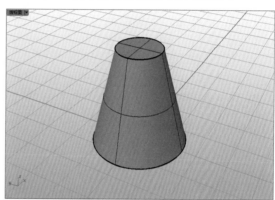

> **知识链接** **"平顶锥体"命令行中各选项含义**
>
> ● 方向限制(D)：参见"圆锥体"一节中相关选项。
> ● 两点(P)：指定直径两端点确定圆，创建平顶锥体。
> ● 三点(O)：指定三个点确定圆，创建平顶锥体。
> ● 相切(T)：绘制一个与数条曲线相切的圆，创建平顶锥体。
> ● 配合点(F)：配合多个空间点，创建平顶锥体。

7.1.7 圆柱体

调用命令的方式如下。

● 菜单：执行"实体>圆柱体"命令。

● 按钮：单击"主要>实体"工具栏中 🔵 按钮。

● 键盘命令：Cylinder。

创建圆柱体的具体操作方法介绍如下。

步骤01 单击 🔵 按钮，调用"圆柱体"命令。命令行提示为"圆柱体底面(方向限制(D)=垂直 两点(P) 三点(O) 相切(T) 配合点(F)):"时，在顶视图中指定圆柱体底面中心点O，如下图所示。

步骤02 命令行提示为"半径<3.000>(直径(D)):"时，输入圆柱体底面半径值为3，按回车键。命令行提示为"圆柱体端点"时，输入圆柱体高度值，之后按回车键，完成圆柱体的创建，如下图所示。

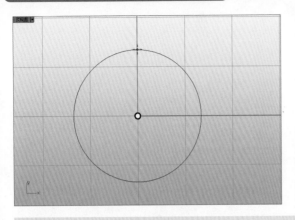
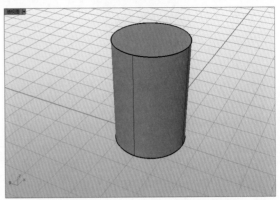

- 方向限制(D)：指定创建圆柱体的方向，参见"圆锥体"一节中的相关选项。
- 两点(P)：指定直径两端点确定底圆，创建圆柱体。
- 三点(O)：指定圆周上三个点确定底圆，创建圆柱体。
- 相切(T)：绘制一个与数条曲线相切的底圆，创建圆柱体。
- 配合点(F)：绘制一个配合多个点的底圆，创建圆柱体。

7.1.8 圆柱管

调用命令的方式如下。

- 菜单：执行"实体>圆柱管"命令。
- 按钮：单击"主要>实体"工具栏中 按钮。
- 键盘命令：Tube。

创建圆柱体的具体操作方法介绍如下。

步骤01 单击 按钮，调用"圆柱管"命令。命令行提示为"圆柱管底面(方向限制(D) =垂直 两点(P) 三点(O) 相切(T) 配合点(F))："时，在顶视图中指定圆柱管底面中心点O，如下图所示。

步骤02 命令行提示为"半径<4.000>(直径(D))："时，输入圆柱管外半径值为4，按回车键，如下图所示。

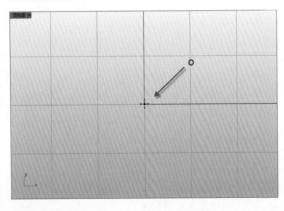
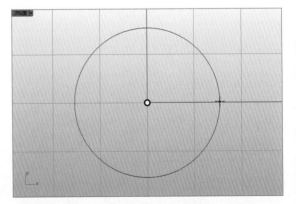

步骤03 命令行提示为"半径<3.000>："时，输入圆柱管内半径值为3，按回车键，如下图所示。

步骤04 命令行提示为"圆柱管的端点<10.000>："时，输入圆柱管的高度值为10，按回车键，完成圆柱管的创建，如下图所示。

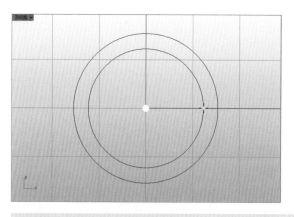

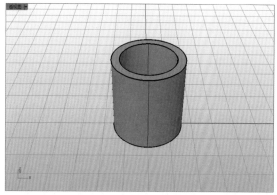

● 方向限制(D)：参见"圆锥体"一节中相关选项。
● 两点(P)：指定直径两端点绘制底面外圆，创建圆柱管。
● 三点(O)：指定圆周上三个点确定底面外圆，创建圆柱管。
● 相切(T)：绘制一个与数条曲线相切的底面外圆，创建圆柱管。
● 配合点(F)：绘制一个配合多个点的底面外圆，创建圆柱管。

7.1.9 环状体

调用命令的方式如下。
● 菜单：执行"实体>环状体"命令。
● 按钮：单击"主要>实体"工具栏中 ● 按钮。
● 键盘命令：Torus。
创建环状体的具体操作方法介绍如下。

步骤01 单击 ● 按钮，调用"环状体"命令。命令行提示为"环状体中心点(垂直(V) 两点(P) 三点(O) 相切(T) 环绕曲线(A) 配合点(F))："时，在顶视图中指定环状体中心点O，如下图所示。

步骤02 命令行提示为"半径<6.000>(直径(D))："时，输入环状体半径值为6，按回车键。命令行提示为"第二半径<1.000>(直径(D) 固定内侧半径(F)＝否)："时，输入环状体截面半径值为1，按回车键，完成环状体的创建，如下图所示。

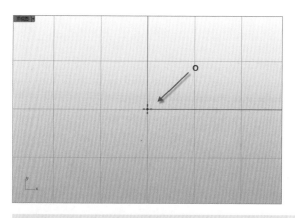

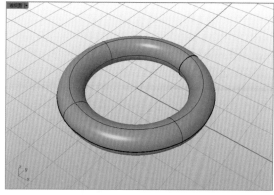

● 垂直(V)：垂直于视图平面创建环状体。
● 两点(P)：指定直径两端点确定一圆形，创建环状体。
● 三点(O)：指定圆周上的3个点确定一个圆形，创建环状体。

7.1.10 圆管

调用命令的方式如下。

● 菜单：执行"实体>圆管"命令。

● 按钮：单击"主要>实体"工具栏中🖒按钮。

● 键盘命令：Pipe。

创建圆管的具体操作方法介绍如下。

步骤01 绘制一条曲线，如下图所示，单击🖒按钮，调用"圆管"命令。命令行提示为"选取要建立圆管的曲线(连锁边缘(C)):"时，选取曲线。

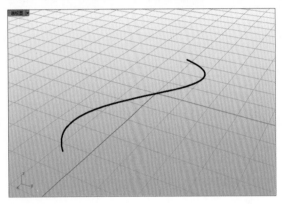

步骤02 命令行提示"起点半径<2.000>(直径(D) 有厚度(T)=否 加盖(C)=平头渐变形式(S)=局部):"时，输入起点半径值为2，按回车键，如下图所示。

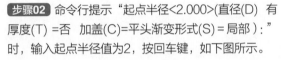

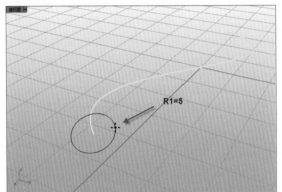

步骤03 命令行提示为"终点半径<1.000>(直径(D) 渐变形式(S)=局部):"时，输入终点半径值为1，按回车键，如右图所示。

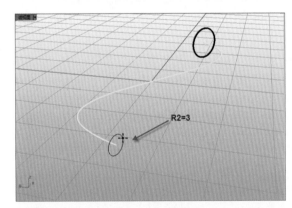

步骤04 命令行提示为"下一个端点:"时，按回车键，完成圆管的创建，如右图所示。

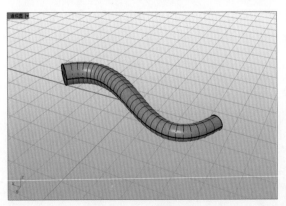

进阶案例 制作台灯模型

为了更好地掌握本章所讲解的内容，在此将运用基本的命令制作一盏台灯。

01 启动Rhino软件，单击▣按钮，调用"圆柱体"命令，如下图所示。

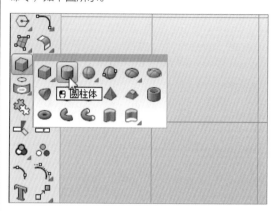

02 在透视图窗口中画一个圆柱体，完成灯罩的创建，如下图所示。

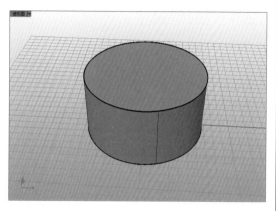

03 再次调用"圆柱体"命令，创建一个灯柱，如下图所示。

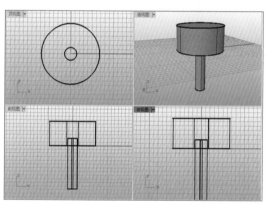

04 单击▣按钮，调用"平顶锥体"命令，创建台灯的底座，如下图所示。

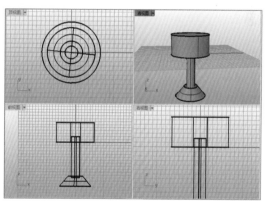

05 再次调用"圆柱体"命令，创建一个灯绳，如下图所示。

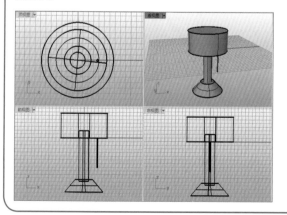

06 创建一个球体，移动位置，使其处于灯绳的末端，即完成一盏简易台灯的创建，如下图所示。

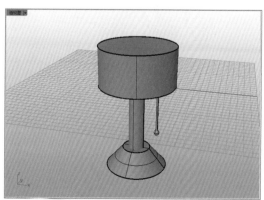

7.2　创建挤出实体

挤出曲面或挤出封闭曲线创建实体是一种常用的实体建模方式，与挤出曲线创建曲面非常类似。右图为挤出实体工具栏。第一排按钮是挤出曲面创建实体，第二排按钮是挤出封闭曲线创建实体。

7.2.1　挤出曲面

调用命令的方式如下。

● 菜单：执行"实体>挤出曲面>直线"命令。

● 按钮：单击"主要>实体工具>挤出曲面"工具栏中 按钮。

● 键盘命令：ExtrudeSrf。

进阶案例　创建垫片模型

下面将利用挤出曲面命令创建垫片模型，具体操作过程如下。

01 打开实例文件，单击 按钮，调用挤出曲面命令。

02 命令行提示为"选取要挤出的曲面："时，选取挤出曲面，如右图所示。

03 命令行提示为"选取要挤出的曲面。按Enter完成："时，按回车键。

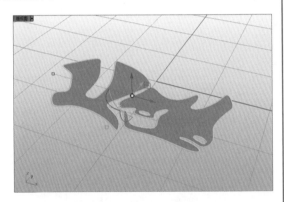

04 命令行提示为"挤出距离<0.50>(方向(D)　两侧(B)=否　加盖(C)=是　删除输入物体(E)=否　至边界(T))："时，输入挤出距离值为0.5，按回车键，如下图所示。

05 至此，完成该模型的创建，效果如下图所示。

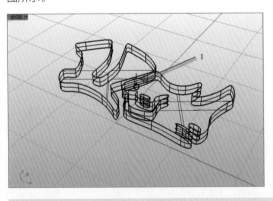

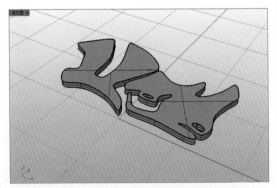

知识链接　"挤出曲面"命令行中各选项含义

● 方向(D)：可以单击先定义一个参考点，然后再单击一点确定拉伸方向。

● 两侧(B)：选择"否"，为单向拉伸。选择"是"，为双向拉伸。

- 加盖(C)：如果挤出的曲线是封闭的平面曲线，选择"是"，挤出后的曲面两端会各建立一个平面，并将挤出的曲面与两端的平面组合为封闭的多重曲面。
- 删除输入物体(E)：删除原始挤出对象。
- 至边界(T)：将曲面挤出到边界曲面。

7.2.2 挤出曲面成锥状

调用命令的方式如下。
- 菜单：执行"实体>挤出曲面>锥状"命令。
- 按钮：单击"主要>实体工具>挤出曲面"工具栏中🔔按钮。
- 键盘命令：ExtrudeSrfTapered。

进阶案例 创建花盆模型

下面将利用"挤出曲面成锥状"命令创建花盆模型，具体操作过程介绍如下。

01 绘制如下图所示的圆形，单击🔔按钮，调用"挤出曲面成锥状"命令。

02 命令行提示为"选取要挤出的曲面："时，选取挤出曲面，按回车键，如下图所示。

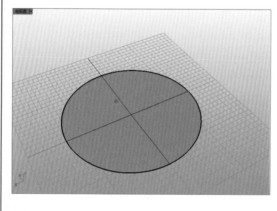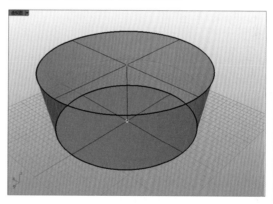

03 命令行提示为"挤出距离<8.00>(方向(D) 拔模角度(R)=5 加盖(C)=是 角(O)=锐角 删除输入物体(E)=是 反转角度(F) 至边界(T))："时，单击"拔模角度(R)"选项。

04 命令行提示为"拔模角度(R)<5.00>："时，输入拔模角度值为-10，按回车键。

05 命令行提示为"挤出距离<8.00>(方向(D) 拔模角度(R)=10 加盖(C)=是 角(0)=锐角 删除输入物体(E)=是 反转角度(F) 至边界(T))："时，输入挤出距离值为200，按回车键，结束"挤出曲面成锥状"命令。

知识链接 "挤出曲面成锥状"命令行中各选项的含义
- 方向(D)：单击先定义一个参考点，然后再单击一点确定拉伸方向。
- 拔模角度(R)：设置拔模角度。
- 加盖(C)：如果挤出的曲线是封闭的平面曲线，选择"是"，挤出后的曲面两端会各建立一个平面，并将挤出的曲面与两端的平面组合为封闭的多重曲面。
- 删除输入物体(E)：删除原始挤出对象。
- 反转角度(F)：切换拔模角度数值为正或为负。
- 至边界(T)：将曲面挤出到边界曲面。

06 复制该锥形实体并向上移动，移动距离值为60，如下图所示。

07 执行"差集"命令，用下面实体减上面实体，完成差集运算，完成花盆模型的创建，如下图所示。

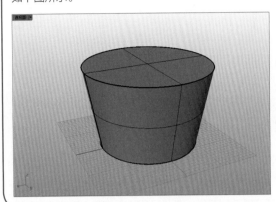
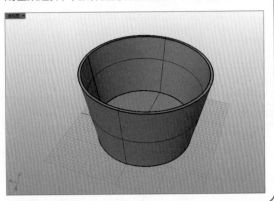

7.3 实体的布尔运算

利用布尔运算命令可以对实体或曲面进行数学运算。布尔运算是三维软件最基本的功能，包括并集、差集、交集3种运算方式。需要注意的是，布尔运算不仅可以应用于实体与实体之间，同样适用于实体与曲面，曲面与曲面之间。

7.3.1 布尔并集

"并集"运算可以将多个实体合并为一个实体。但是对于曲面与实体、曲面与曲面的合并，由于曲面法线方向的不同，其结果并不惟一，可以更改曲面的法线方向进行调整。

调用命令的方式如下。

● 菜单：执行"实体>并集"命令。
● 按钮：单击"主要>实体工具"工具栏中●按钮。
● 键盘命令：BooleanUnion。

1. 实体与实体的并集

实体与实体间必须要有公共相交的部分才能进行"并集"运算。实体与实体执行"并集"运算之后，相交的部分会生成一条封闭的曲线，可以对交线进行圆角处理以达到相交部分的平滑过渡。

2. 实体与曲面的并集

实体和曲面的交线必须是封闭的曲线，否则该曲面与实体"并集"运算会失败。此外需要说明的是，曲面和实体的并集结果并不惟一，改变法线方向重新执行"并集"运算命令会产生另一种结果。

下面将对实体与曲面间并集的操作方法介绍。

步骤01 打开如下图所示的实例文件，单击●按钮，调用"并集"命令。命令行提示为"选取要并集的曲面或多重曲面："时，框选曲面和球体。

步骤02 命令行提示为"选取要并集的曲面或多重曲面。按Enter完成："时，按回车键，完成实体与曲面的并集，如下图所示。

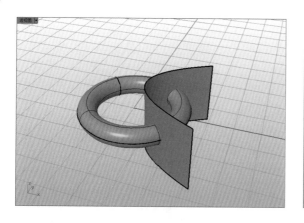

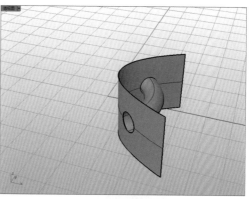

步骤03 原曲面的法线方向如下图所示。

步骤04 单击 按钮，更改曲面的法线方向，如下图所示。

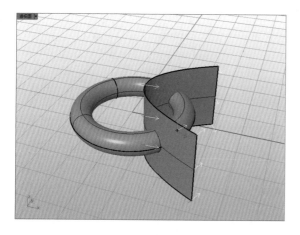

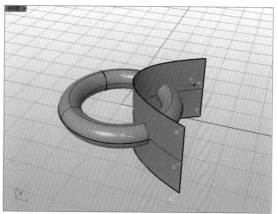

步骤05 再次执行"并集"命令，完成实体与曲面的并集，如右图所示。

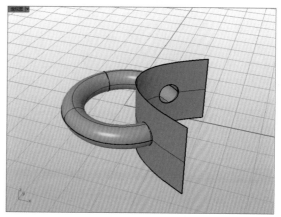

专家技巧：绘图操作技巧

● 单击 按钮，命令行提示为"选取要显示方向的物体："时，选取曲面，然后输入字母f或者单击视图窗口中表面的小箭头，按回车键，即可完成曲面的法线方向的改变。

● 曲面法线所指的一边即是曲面和实体执行"并集"运算后新模型将会保留的一边。

7.3.2 布尔差集

"差集"运算是在建模过程中用一组对象减去与另一组对象交集的部分。

调用命令的方式如下。

● 菜单：执行"实体>差集"命令。

● 按钮：单击"主要>实体工具"工具栏中 按钮。

● 键盘命令：BooleanDifference。

1. 实体与实体的差集

在执行此操作时，选择实体的顺序会影响"差集"运算的结果。换句话说，若改变选取的顺序，则得到的结果是不一样的。

下面将对实体间差集的具体操作方法进行介绍。

步骤01 打开如下图所示的实例文件，单击◉按钮，调用"差集"命令。

步骤02 命令行提示为"选取第一组曲面或多重曲面:"时，选取立方体作为第一组多重曲面，按回车键，如下图所示。

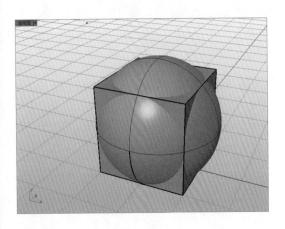

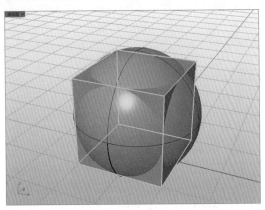

步骤03 命令行提示为"选取第二组曲面或多重曲面(删除输入物体(D)=是):"时，选取球体作为第二组多重曲面，如下图所示。

步骤04 按回车键，完成实体与实体的差集，如下图所示。

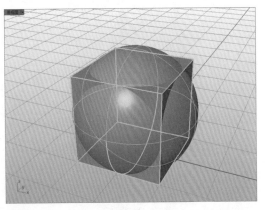

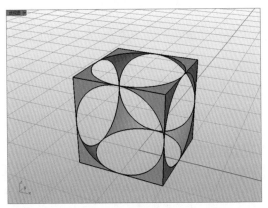

步骤05 若改变选择的顺序，选取球体作为第一组曲面，然后选取立方体作为第二组曲面，就会得出不一样的结果，如右图所示。

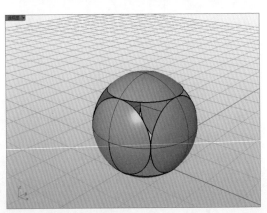

专家技巧：区分主体与客体

第一组曲面所选取的实体是"差集"运算命令的主体，即被修剪的对象，第二组曲面选取的实体是"差集"运算命令的客体，也就是用来修剪的对象。主体可以选择多个，同样，其客体也可以选择多个。

2. 实体与曲面的差集

在使用"差集"运算命令时同样需要注意曲面的法线方向。同时，实体与曲面的交线必须是封闭的曲线，否则"差集"运算会失败。

下面将对实体与曲面间差集的具体操作方法进行介绍。

步骤01 打开如下图所示的实例文件，单击●按钮，调用"差集"运算命令。

步骤02 命令行提示为"选取第一组曲面或多重曲面："时，选取曲面，如下图所示，按回车键。

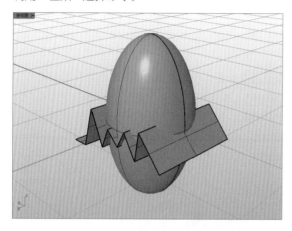

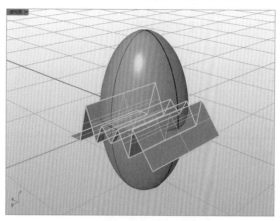

步骤03 命令行提示为"选取第二组曲面或多重曲面(删除输入物体(D) =是)："时，选取椭圆体，如下图所示。

步骤04 按回车键，完成实体与曲面的差集，如下图所示。

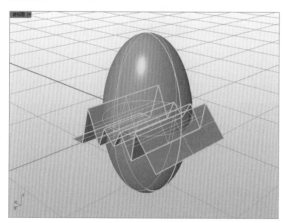

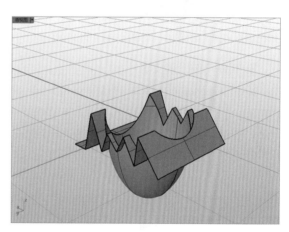

原曲面法线方向如下左图所示。若改变曲面法线方向，如下中图所示（具体方法参见7.3.1节中操作），再次执行"差集"运算命令，完成实体与曲面的差集，效果如下右图所示。

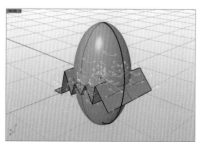

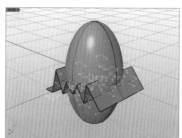

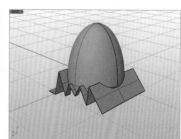

7.3.3 布尔交集

"交集"运算是在建模过程中取两个或多个对象相交部分，得到新的对象，同时去除未交的部分。

调用命令的方式如下。

● 菜单：执行"实体>交集"命令。

● 按钮：单击"主要>实体工具"工具栏中 ⊗ 按钮。

● 键盘命令：BooleanIntersection。

1. 实体与实体的交集

下面将对实体间交集的具体操作方法进行介绍。

步骤01 打开如下图所示的实例文件，单击 ⊗ 按钮，调用"交集"命令。命令行提示为"选取第一组曲面或多重曲面："时，选取立方体作为第一组多重曲面，按回车键。

步骤02 命令行提示为"选取第二组曲面或多重曲面(删除输入物体(D) =是)："时，选取球体作为第二组多重曲面，按回车键，完成实体与实体的交集，如下图所示。

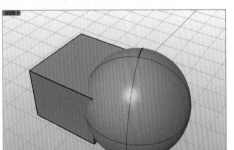
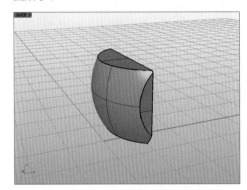

2. 实体与曲面的交集

实体与曲面交集的具体操作方法介绍如下。

步骤01 打开如下图所示的实例文件，单击 ⊗ 按钮，调用"交集"命令。命令行提示为"选取第一组曲面或多重曲面："时，选取球体作为第一组曲面，按回车键。

步骤02 命令行提示为"选取第二组曲面或多重曲面(删除输入物体(D) =是)："时，选取第二组曲面，按回车键，完成实体与曲面的交集，如下图所示。

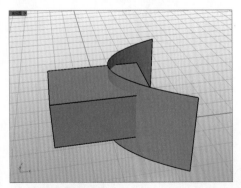
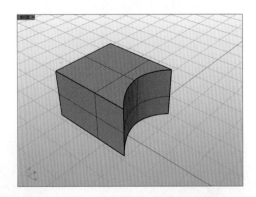

> **专家技巧：注意保存**
>
> 布尔运算是一个比较占用内存的命令，如果两个形态比较复杂的实体做布尔交集，应做好保存操作，以防计算机死机而造成数据丢失。

进阶案例 创建多士炉模型

利用前面所学习的知识创建多士炉三维模型，其主要涉及的命令包括放样命令、圆角矩形命令、曲面拉伸命令、分割命令、布尔运算命令等。

1. 轮廓线的绘制

01 单击 按钮，调用"控制点曲线"命令，在前视图中绘制一条曲线，如下图所示。

02 单击 按钮，调用"镜像"命令，以Z轴为镜像中心镜像曲线，如下图所示。

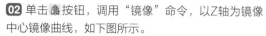

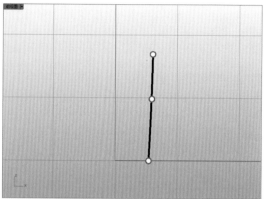

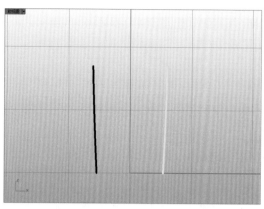

03 单击 按钮，调用"复制"命令，按住Shift键，沿着Y轴方向复制两条曲线，如下图所示。

04 接下来根据需要调整位置，如下图所示。

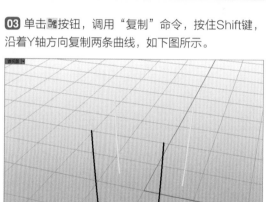

05 单击 按钮，调用"复制"命令，按住Shift键，沿着Y轴方向复制两条曲线，如右图所示。

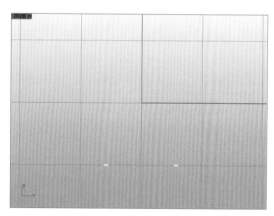

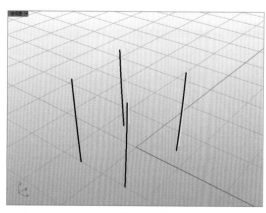

06 继续调整位置，如右图所示。

专家技巧： 快速准确绘图

可打开智慧轨迹进行高度捕捉，有助于作图的准确性。

07 单击 ⟐ 按钮，调用"控制点曲线"命令，创建起点在Y轴上，高度同其他6条曲线相同的曲线，如下图所示。

08 继续调整位置，如下图所示。

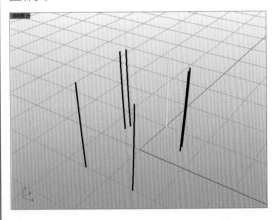

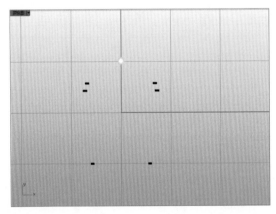

09 单击 ⟐ 按钮，调用"放样"命令，依次选取曲线1、2、3、4、5、6、7七条曲线，弹出如下图所示的对话框。

10 在"放样选项"对话框中完成相应的设置后，单击"确定"按钮，完成曲线放样，如下图所示。

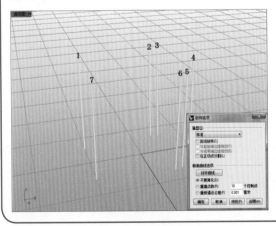

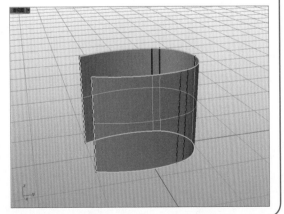

2. 多士炉主体的创建

01 单击 按钮，调用"放样"命令，选取要放样的曲线，如下图所示。

02 单击"确定"按钮，完成放样，如下图所示。

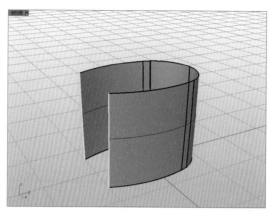

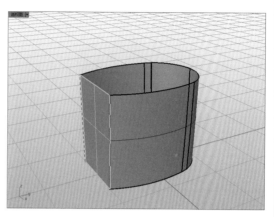

03 单击 按钮，调用"组合"命令，选择全部物件，如下图所示。

04 按回车键完成操作，如下图所示。

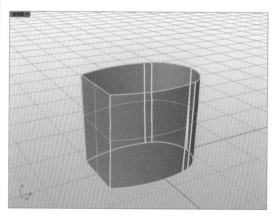

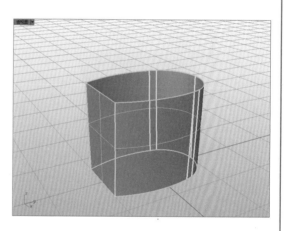

05 单击 按钮，调用"将平面洞加盖"命令，选择物体，如下图所示。

06 按回车键完成曲面加盖操作，如下图所示。

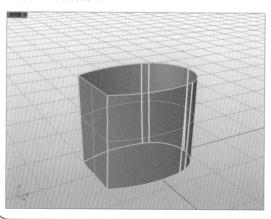

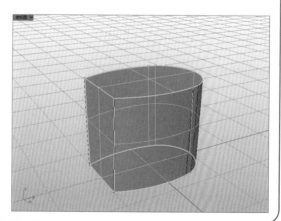

07 单击 ⬡ 按钮，调用"不等距边缘圆角"命令，选择第一个连锁段，按回车键，如下图所示。

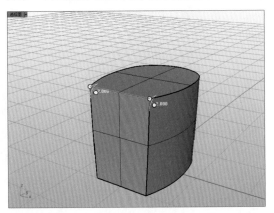

08 设置圆角半径为2，按回车键完成圆角的创建，如下图所示。

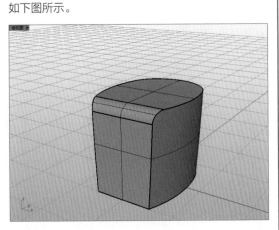

09 单击 ⬡ 按钮，调用"不等距边缘斜角"命令，选择要建立斜角的边缘，如下图所示。

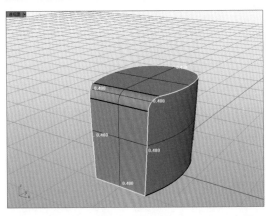

10 设置斜角距离为0.4，按回车键，完成边缘斜角操作，如下图所示。

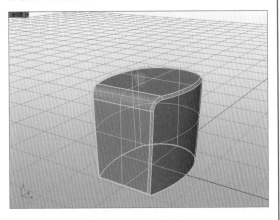

11 单击 ⬕ 按钮，调用"炸开"命令，选择要炸开的物件，按回车键，完成"炸开"操作。选择如下图所示的物件，单击 ⬕ 按钮，调用"隐藏未选取的物件"命令，按回车键完成操作。

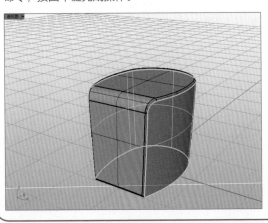

12 单击 ⬕ 按钮，调用"组合"命令，选择物件，如下图所示，按回车键完成操作。

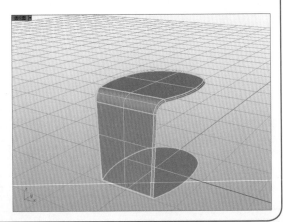

13 单击 💡 按钮，调用"显示物件"命令，显示所有的物件，如右图所示。

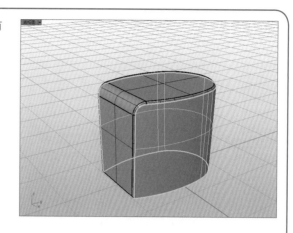

3. 创建多士炉土司槽

01 单击 🔲 按钮，在顶视图中使用"圆角矩形"命令，在顶视图中创建三个圆角矩形，如下图所示。

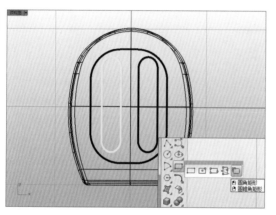

02 单击 📷 按钮，调用"投影曲线"命令，选择要投影的曲线，按回车键完成操作，如下图所示。

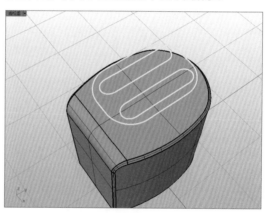

03 选取要投影至其上的曲面，按回车键完成操作，如下图所示。

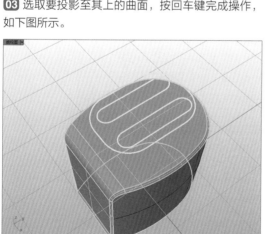

04 按回车键完成投影操作，如下图所示。

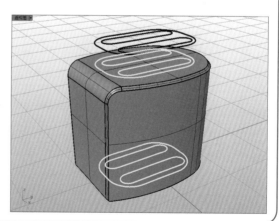

05 删除多余的曲线，细化后效果如下图所示。

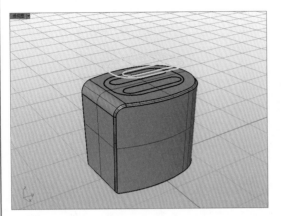

06 单击💡按钮，调用"隐藏物件"命令，隐藏多余曲线，如下图所示。

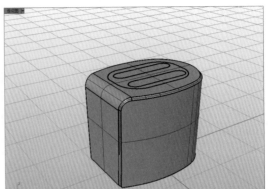

07 单击🔳按钮，调用"分割"命令，选择要分割的物件，如下图所示。

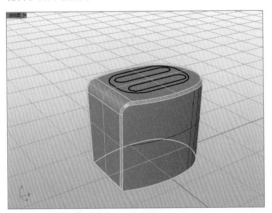

08 选择分割用的物件，如下图所示。

09 按回车键完成分割，如下图所示。

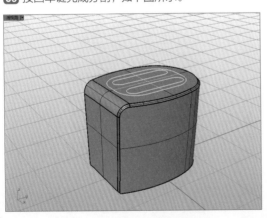

10 选择如下图所示的两个曲面。

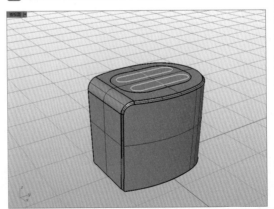

11 按下Delete键删除，效果如右图所示。

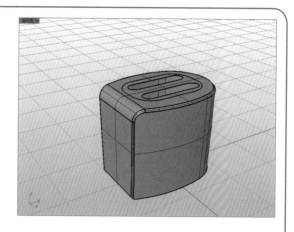

4. 多士炉开关的创建

01 单击 按钮，在前视图中使用"圆角矩形"命令，创建一个圆角矩形，如下图所示。

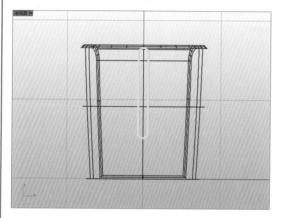

02 单击 按钮，调用"圆：中心点、半径"命令，在前视图中绘制圆，如下图所示。

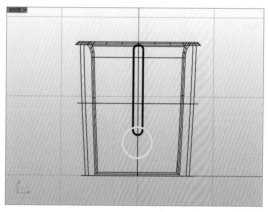

03 在前视图中检查一遍初步绘制的线框图，如下图所示。

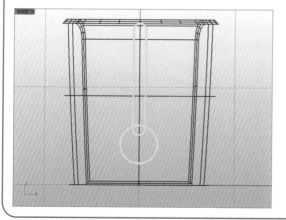

04 单击 按钮，调用"修剪"命令，将圆角矩形和圆形多余线条修剪掉，如下图所示。

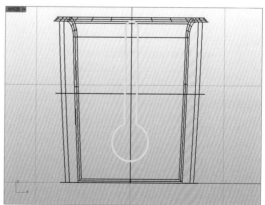

05 单击 按钮，调用"曲线圆角"命令，选择要建立圆角第一条曲线，如下图所示。

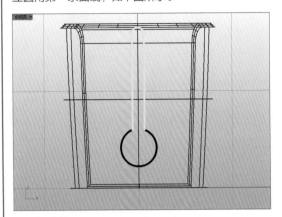

06 选择要建立圆角的第二条曲线，如下图所示，按回车键完成倒角操作。

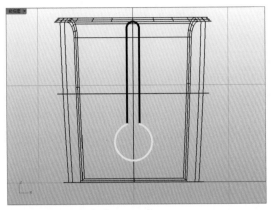

07 用同样的方法，继续对其他部分执行倒角操作，如下图所示。

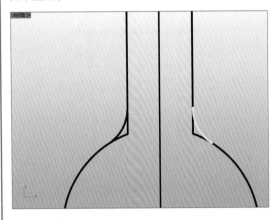

08 单击 按钮，调用"投影曲线"命令，选择要投影的曲线，按回车键，如下图所示。

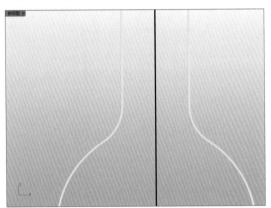

09 单击 按钮，调用"组合"命令，组合圆角矩形和圆的剩余部分和圆角，如下图所示，按回车键完成操作。

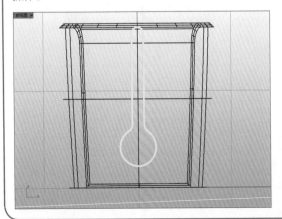

10 单击 按钮，调用"投影曲线"命令，选择要投影的曲线，按回车键，如下图所示。

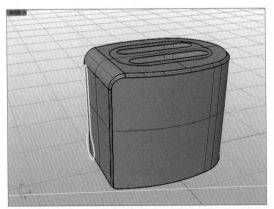

⓫ 选取要投影至其上的曲面，按回车键确认，如下图所示。

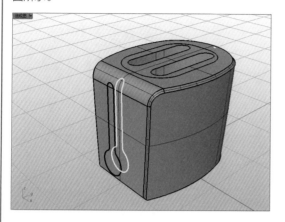

⓬ 单击💡按钮，调用"隐藏物件"命令，隐藏多余曲线，如下图所示。

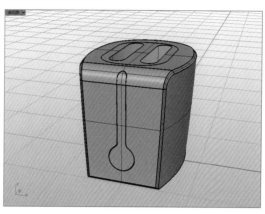

⓭ 单击🔲按钮，在前视图中使用"圆角矩形"命令创建一个圆角矩形，如下图所示。

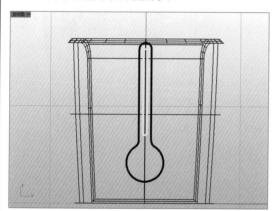

⓮ 单击◎按钮，调用"圆：中心点、半径"命令，在前视图中绘制圆，如下图所示。

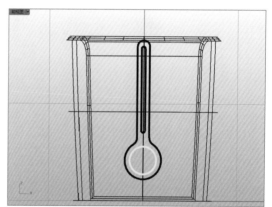

⓯ 单击🔲按钮，调用"投影曲线"命令，完成曲线的投影操作，方法同步骤10，如下图所示。

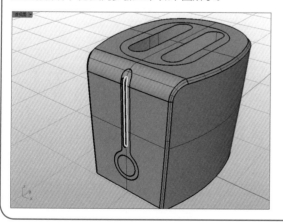

⓰ 单击💡按钮，调用"隐藏物件"命令，隐藏多余曲线，如下图所示。

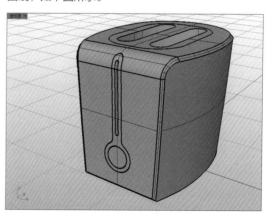

17 单击 ⚟ 按钮，调用"分割"命令，选择要分割的 物件，如下图所示。

18 选择分割用的物件，如下图所示，按回车键。

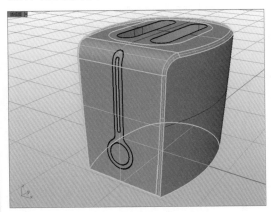

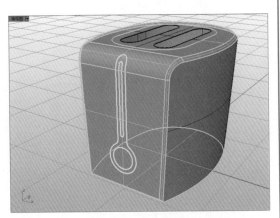

19 删除多余曲面，如右图所示。

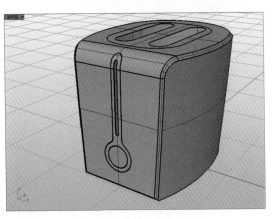

5. 由曲面创建实体

01 单击 ▣ 按钮，调用"挤出曲面"命令，随后选择 要拉伸的曲面，如下图所示。

02 输入挤出长度为1，按回车键完成操作，如下图 所示。

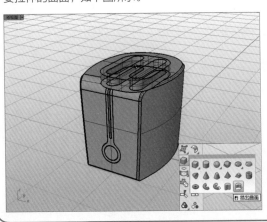

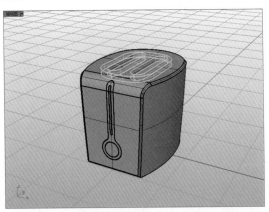

03 单击 按钮，调用"偏移曲面"命令，选择要偏移的曲面，如下图所示。

04 单击命令行中"全部反向"命令，改变偏移方向，如下图所示。

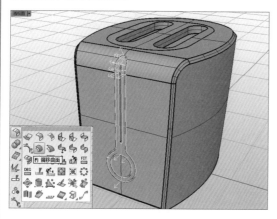

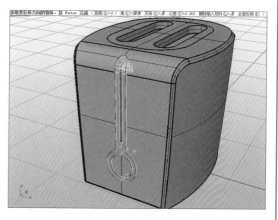

05 输入偏移距离0.1，按回车键完成曲面偏移操作，如下图所示。

06 单击 按钮，调用"隐藏未选取的物件"命令，按回车键完成操作。单击 按钮，调用"不等距边缘圆角"命令，选择边缘，如下图所示。

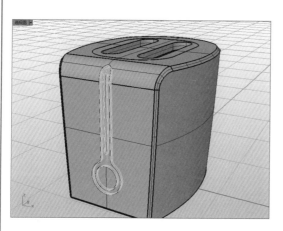

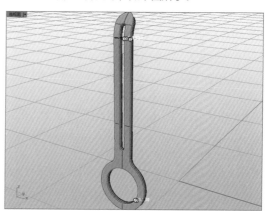

07 按回车键，在命令行中设置圆角半径为0.13，按回车键完成圆角的创建，如下图所示。

08 单击 按钮，调用"隐藏未选择取的物件"命令，按回车键完成操作，如下图所示。

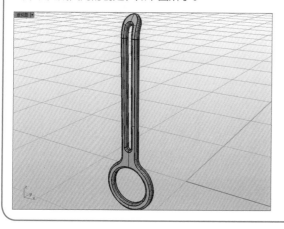

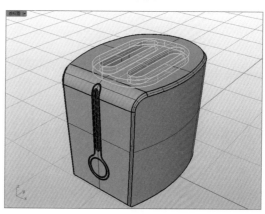

09 单击◎按钮，调用"不等距边缘圆角"命令，选择边缘，按回车键，如下图所示。

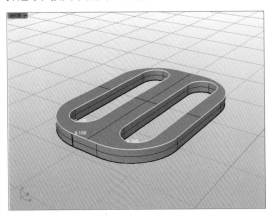

11 单击◎按钮，调用"偏移曲面"命令，分别选择要偏移的曲面，然后向内偏移，距离为0.1，如下图所示。

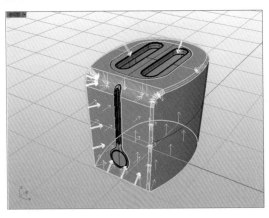

13 设置圆角半径为0.1，按回车键完成圆角的创建，如右图所示。

10 在命令行中设置圆角半径为0.1，按回车键完成圆角的创建，如下图所示。

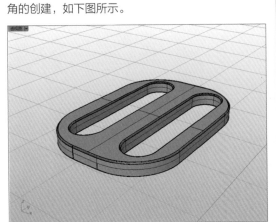

12 单击◎按钮，调用"不等距边缘圆角"命令，选择边缘，按回车键，如下图所示。

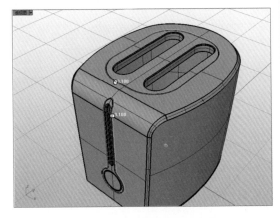

专家技巧：绘图注意事项
拉伸的曲面一定要伸出物体，便于接下来的分割操作。

6. 开关按钮的创建

01 单击 █ 按钮，调用"挤出曲面"命令，选择要拉伸的曲面，如下图所示。

02 设置挤出长度为0.7，按回车键完成挤出，如下图所示。

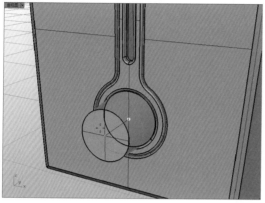
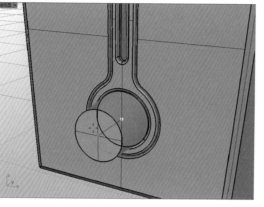

03 单击 █ 按钮，在前视图中使用"矩形：圆角矩形"命令创建一个圆角矩形，如下图所示。

04 单击 █ 按钮，调用"挤出曲面"命令，选择要拉伸的曲面，设置挤出长度为1，按回车键完成操作，如下图所示。

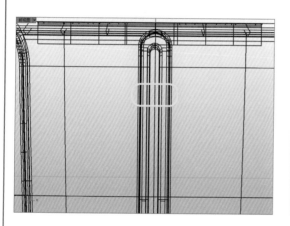
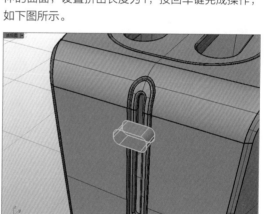

05 单击 █ 按钮，调用"隐藏未选取的物件"命令，按回车键完成操作。单击 █ 按钮，调用"不等距边缘圆角"命令，选择边缘，如下图所示。

06 按回车键完成操作，如下图所示。

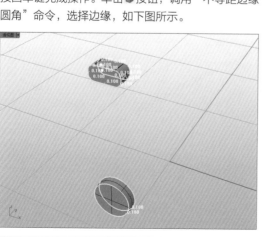

7. 分模线的创建

01 单击 按钮，调用"直线"命令，在右视图中创建如下图所示的直线。

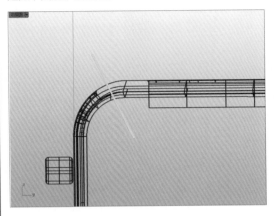

02 单击 按钮，调用挤出封闭的平面曲线命令，选择拉伸的曲线，按回车键完成拉伸，如下图所示。

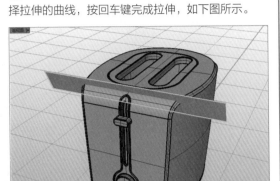

03 单击 按钮，调用"分割"命令，选择要分割的物体，如下图所示。

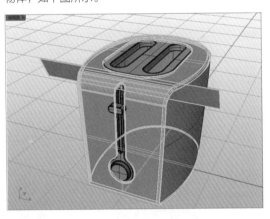

04 按回车键完成分割，如下图所示。

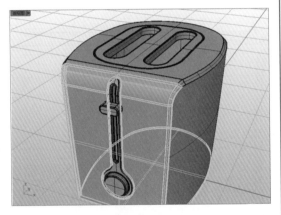

05 单击 按钮，调用"不等距边缘圆角"命令，选择要倒角的边缘，输入圆角半径为0.05，如下图所示。

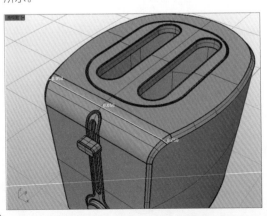

06 按回车键完成倒角，如下图所示。

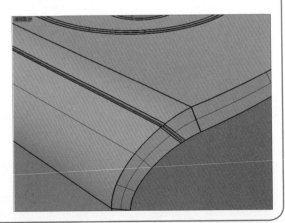

8. 完成多士炉的创建

01 至此，已完成多士炉的创建，如下图所示。

02 为了真实显示其效果，用户可以对其进行渲染，如下图所示。

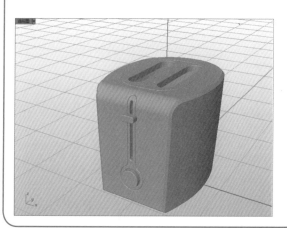

7.4 实体倒角

利用实体倒角可以对三维模型进行后期的圆滑处理。实体倒角是Rhino的主要功能之一，主要包括边缘倒角、圆管倒角两种类型。值得注意的是，对于复杂的模型，倒角会出现面的撕裂，所以要进行相应的撕裂面的修补。

7.4.1 边缘倒角

"边缘圆角"命令主要用于对实体的边缘进行圆滑过渡处理。

调用命令的方式如下。

● 菜单：执行"实体>边缘圆角>不等距边缘圆角"命令。
● 按钮：单击"主要>实体工具"工具栏中 ● 按钮。
● 键盘命令：FilletEdge。

边缘倒角的具体操作方法介绍如下。

步骤01 打开如右图所示的实例文件，单击 ● 按钮，调用边缘圆角命令。

步骤02 命令行提示为"选取要建立圆角的边缘(目前的圆角距离(C)=1)："时，选取实体边缘。

步骤03 命令行提示为"选取要建立圆角的边缘(目前的半径(C)=1)："时，输入C，按回车键。

步骤04 命令行提示为"目前的半径<1>："输入2，按回车键。

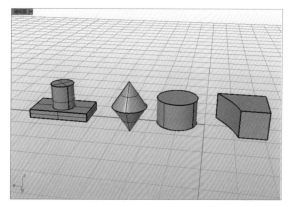

> **知识链接** 边缘倒角的原则
> 在执行边缘倒角操作时，要先倒大角后倒小角。

步骤05 命令行提示为"选取要建立圆角的边缘(目前的半径(C)=2):"时,选取另外的实体边缘,如下图所示。命令行提示为"选取要建立圆角的边缘(目前的半径(C)=2):"时,按回车键。

步骤06 命令行提示为"选取要编辑的圆角控制杆(新增控制杆(A) 复制控制杆(C) 设置全部(S) 连接控制杆(L)=否 路径造型(R)=滚球 预览(P)):"时,按回车键,完成边缘圆角命令,如下图所示。可以根据所提示的选项对选取的圆角控制杆进行再次修改。

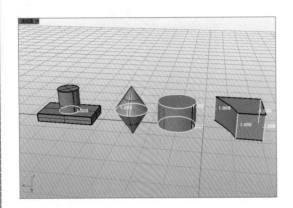
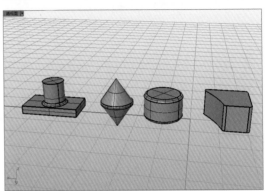

进阶案例 **倒角后撕裂面的修补**

Rhino中倒角操作经常会出现倒角错误,产生五边面或者六边面,这就需要我们进行倒角后撕裂面的修补。在此以常见五边面的修补为例进行介绍。

01 打开实例文件,单击◉按钮,调用边缘圆角命令。

02 命令行提示为"选取要建立圆角的边缘(目前的圆角距离(C)=1):"时,选取实体边缘,如右图所示。

03 命令行提示为"选取要建立圆角的边缘(目前的半径(C)=1):"时,输入C,按回车键。

04 命令行提示为"目前的半径<1>:"时,输入0.5,按回车键。

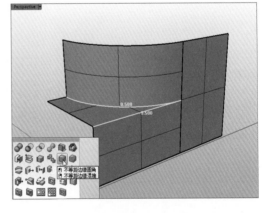

05 命令行提示为"选取要编辑的圆角控制杆(新增控制杆(A) 复制控制杆(C) 设置全部(S) 连接控制杆(L)=否 路径造型(R)=滚球 预览(P)):"时,按回车键,完成边缘圆角命令,如右图所示。

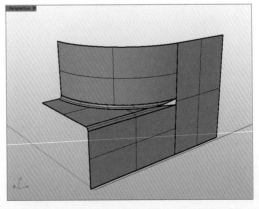

06 单击 ⊾ 按钮，调用"炸开"命令，炸开物件，如下图所示。

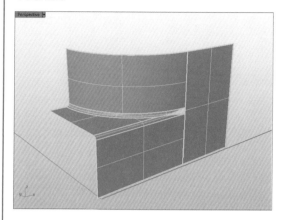

07 右击 ⊿ 按钮，调用"以结构线分割曲面"命令，如下图所示。

08 选取要分割的曲面，开启"物件锁点>端点"，如下图所示。

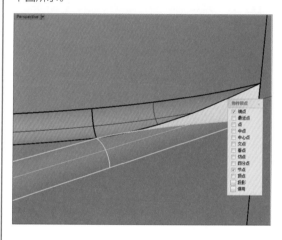

09 选取如下图所示的三角面。

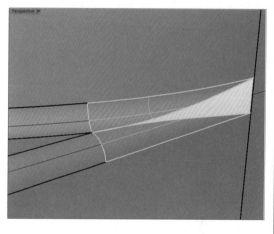

10 按下Delete键删除三角面，如下图所示。

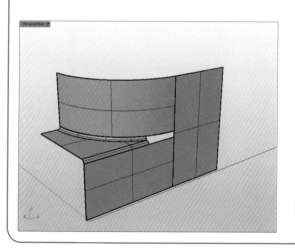

11 单击 ⊾ 按钮，调用"分割"命令，选取要分割的曲面边缘，如下图所示。

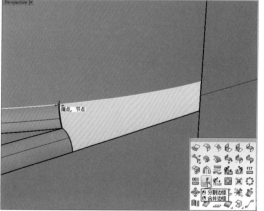

12 参照步骤09，对曲面边缘进行相同的分割操作，如右图所示。单击 按钮，调用"混接曲面"命令，如右图所示。

13 命令行提示为"选取第一个边缘的第一段(自动连锁(A)=否　连锁连续性(C)=相切)："时，选择第一个曲面边缘。

14 命令行提示为"选取第一个边缘的下一段。按Enter完成(复原(U)　下一个(N)　全部(A)　自动连锁(T)=否　连锁连续性(C)=相切)："时，按回车键，完成第一个边缘的选取。

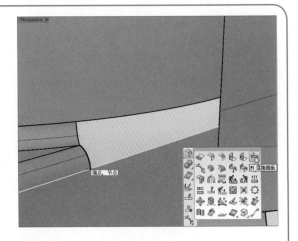

15 命令行提示为"选取第二个边缘的第一段(自动连锁(A)=否　连锁连续性(C)=相切)："时，选择第二个曲面边缘，如下图所示。

16 随后将弹出"调整曲面混接"对话框，从中进行相应的设置，设置完成后单击"确定"按钮，完成曲面混接，如下图所示。

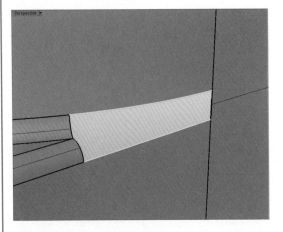

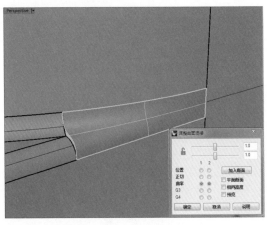

17 右击 按钮，调用"反转方向"命令。然后选取要翻转的曲面，如下图所示。

18 右击 按钮，调用"以结构线分割曲面"命令，选择要分割的曲面，如下图所示。

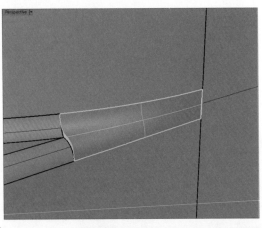

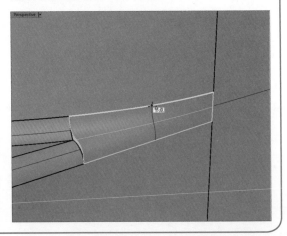

19 随后按回车键完成分割操作，如下图所示。

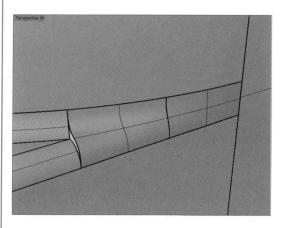

20 右击 🔲 按钮，调用"以结构线分割曲面"命令，选择要分割的曲面，如下图所示。

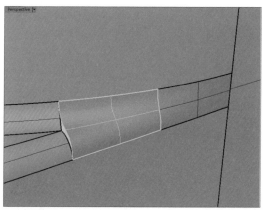

21 根据命令行中的提示单击"切换(T)"命令，切换结构线方向，如下图所示。

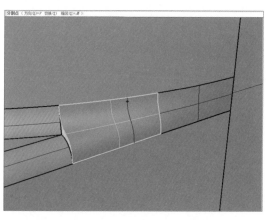

22 切换后的效果如下图所示。

23 切割曲面，如下图所示。

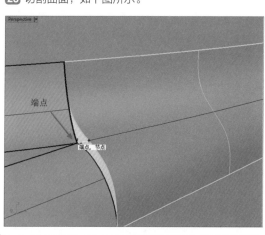

24 按回车键完成切割，翻转法线，如下图所示。

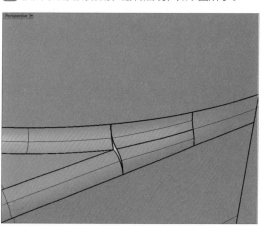

25 单击 按钮，调用"衔接曲面"命令，选取第一条边缘，如下图所示。

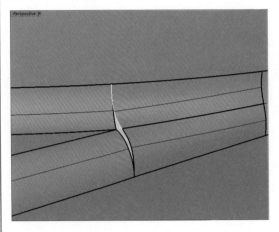

26 选取第二条边缘，如下图所示。

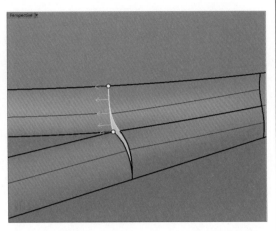

27 随后将弹出"衔接曲面"对话框，如下图所示。

28 从中进行相应的设置，最后单击"确定"按钮，完成曲面衔接，如下图所示。

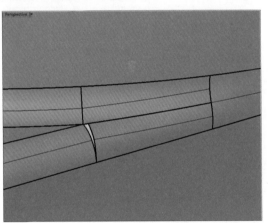

29 参照上述方法完成第二个曲面的衔接操作，效果如下图所示。

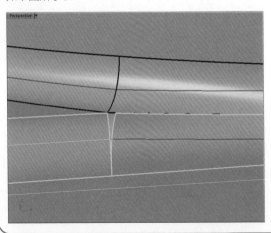

30 至此，完成五边面的修补，如下图所示。

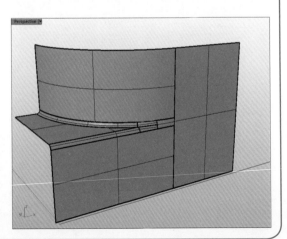

7.4.2 圆管倒角

圆管倒角可以对一些倒角无法完成的曲面进行圆角操作，下面以案例形式介绍圆管倒角方法。

进阶案例 **制作产品模型的渐消线**

利用圆管倒角方法制作产品模型渐消线的具体步骤如下。

01 打开如下图所示的实例文件，单击 按钮，调用"圆管"命令。

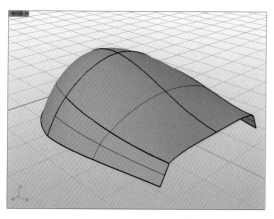

02 命令行提示为"选取要建立圆管的曲线"，选取曲线，如下图所示。

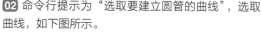
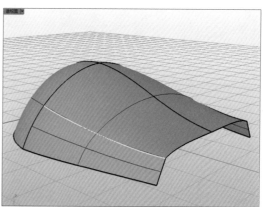

03 命令行提示为"起点半径（1）"，输入半径值0.5，按回车键，如右图所示。

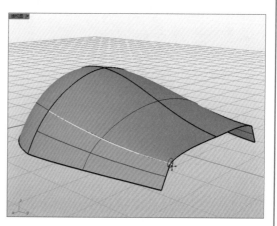

04 命令行提示为"终点半径（0.500）"，输入半径值2，按回车键，如右图所示。

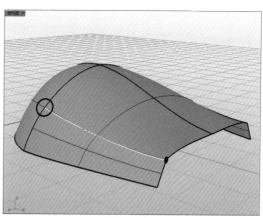

05 按回车键完成圆管的创建，如下图所示。

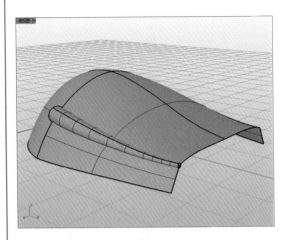

06 单击 ⧄ 按钮，调用"炸开"命令。选取炸开的物件，按回车键完成炸开操作，如下图所示。

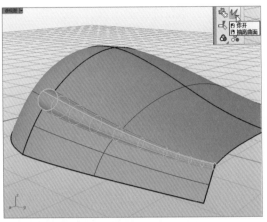

07 删除圆管前盖，效果如下图所示。

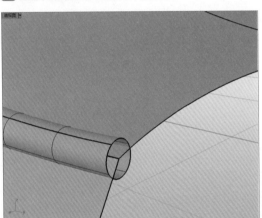

08 删除圆管后盖，效果如下图所示。

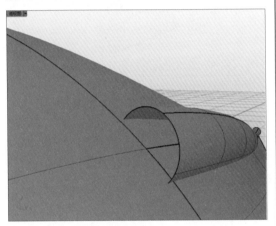

09 单击 ⧄ 按钮，调用"延伸曲面"命令。选取圆管边缘，如下图所示。

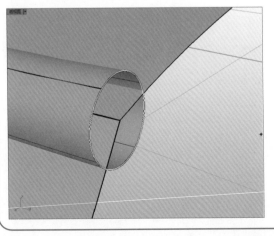

10 命令行提示为"延伸系数<2>"，按回车键完成延伸，如下图所示。

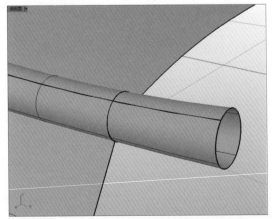

11 完成圆管另一端延伸曲面操作,如下图所示。单击 按钮,调用"交集"命令。

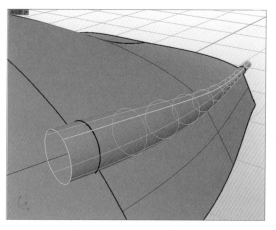

12 命令行提示为"选取要计算交集的物件",选取圆管和两个曲面,如下图所示。

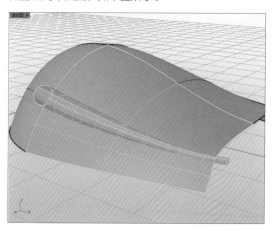

13 按回车键完成计算,如下图所示。单击圆管并按下Delete键将其删除。

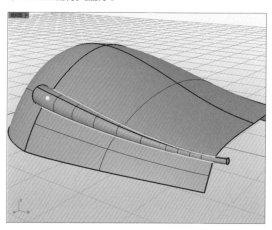

14 单击 按钮,调用"修剪"命令。命令行提示为"选取切割用物件"时,选取交线,如下图所示。

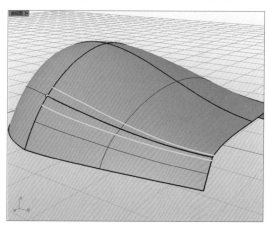

15 命令行提示为"选取要修剪的物件"时,修剪曲面,按回车键完成修剪,如右图所示。

16 单击 按钮,调用"混接曲面"命令。

17 命令行提示为"选取第一个边缘的第一段(自动连锁(A)=否 连锁连续性(C)=相切):"时,选择第一个曲面边缘。

18 命令行提示为"选取第一个边缘的下一段。按Enter完成(复原(U) 下一个(N) 全部(A) 自动连锁(T)=否 连锁连续性(C)=相切):"时,按回车键,完成第一个边缘的选取。

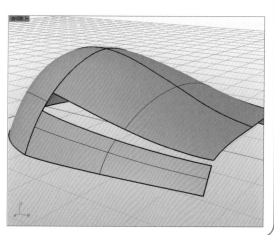

19 命令行提示为"选取第二个边缘的第一段(自动连锁(A)=否 连锁连续性(C)=相切):"时，选择第二个曲面边缘，如下图所示。

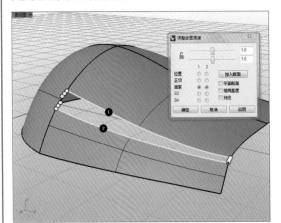

20 按回车键完成曲面混接，如下图所示。

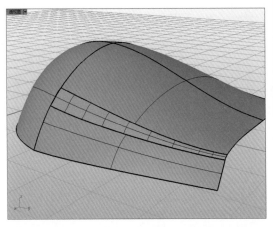

21 反转法线，效果如下图所示。

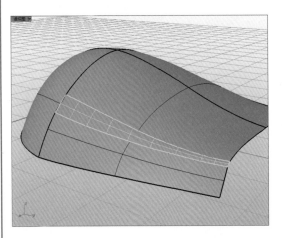

22 单击 按钮，调用"衔接曲面"命令。选取曲面边缘，如下图所示。

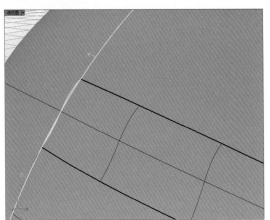

23 随后弹出如右图所示的对话框，从中设置相应的参数，单击"确定"按钮，完成曲面衔接。

24 参照上述操作方法进行曲面边缘的匹配，达到圆滑过渡效果，如下图所示。

25 参数设置如下图所示。

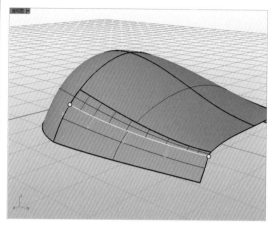

26 对圆管的左侧完成倒角操作后，继续对圆管的右侧进行倒角操作，效果如右图所示。

27 至此，完成该模型的制作，如右图所示。

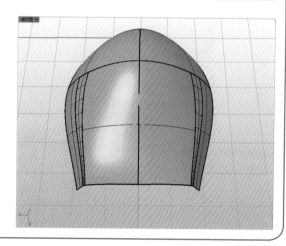

知识链接 **实体的倒角操作**

在Rhino中，形态均匀的模型，在执行实体倒角操作时，都不会出现坡面的问题。

课后练习

一. 选择题

1. 挤出曲面或挤出（　　）创建实体是一种常用的实体建模方式。
   A. 开放曲线　　　　　　　　　　　B. 封闭曲线
   C. 修剪后曲面　　　　　　　　　　D. 实体

2. 挤出曲面成锥状时，控制斜面倾斜角度的命令是（　　）。
   A. 拔模角度　　　　　　　　　　　B. 角
   C. 反转角度　　　　　　　　　　　D. 方向

3. 针对一些实体倒角无法完成的倒角，可以使用（　　）方法，完成复杂曲面的倒角。
   A. 曲面倒角　　　　　　　　　　　B. 倒斜角
   C. 布尔倒角　　　　　　　　　　　D. 圆管倒角

4. 曲面和实体的并集结果并不惟一，改变曲面（　　）方向，重新执行"并集"命令，会产生另一种结果。
   A. 法线方向　　　　　　　　　　　B. 曲面形状
   C. 曲面位置　　　　　　　　　　　D. 曲面大小

二. 填空题

1. Rhino 5.0为用户提供了多种标准实体模型，包括_____、_____、椭圆体、圆锥体、金字塔、_____、圆柱管、圆环体、圆管等。

2. 球体的创建方式有_____、_____、_____、_____、_____、_____。

3. 布尔运算是三维软件最基本的功能，包括_____、_____、_____3种运算方式。

4. 布尔运算不仅可以应用于实体与实体之间，同样适用于实体与_____、曲面与_____之间。

三. 操作题

利用本章所学知识制作如右图所示的单体音响。

提示　操作提示

- 布尔运算时，复制出一个要被差集掉的对象，便于后续的操作，减少重复步骤。
- 中间螺纹状面板可以采用阵列的方式生成，再进行布尔差集运算；或者画出长城状轮廓线＿几几几＿，沿中心点旋转成型，再进行布尔差集运算。
- Logo的制作，可以通过绘制字母线条投影到曲面，再进行分割处理，快速准确地制作出Logo。
- 注意音响的底座，按照产品设计的标准，下方有四个圆柱支撑的支脚，不能忽略。
- 音响外金属层的高度需要调整与主体有一定的高度差，目的是产生音响的层次感。

KeyShot渲染技术

KeyShot渲染器是目前世界公认的最简单和最强大的渲染和动画制作软件。KeyShot渲染器支持目前流行的各类三维建模软件创建的模型格式，例如常见的由Alias、Rhino、SketchUp、SolidWorks、Pro/ENGINEER制作的iges、3ds、obj和fbx格式的文件等。强大而快捷的渲染功能，可以让你在短时间内渲染出令人惊讶的效果图。

知识要点

① 渲染前的准备工作
② 添加HDRI环境贴图
③ 设置渲染参数

上机安排

学习内容	学习时间
● 熟悉KeyShot渲染器	25分钟
● 掌握渲染流程	25分钟
● 渲染多士炉模型	40分钟

8.1 认识KeyShot渲染器

KeyShot渲染器是最快和最容易使用的3D渲染和动画软件，仅需几个步骤就能完成三维模型的渲染操作。

8.1.1 KeyShot渲染器的应用

KeyShot渲染器可以运用于整个产品开发过程中，可用于制定设计决策和为客户快速创建设计理念的效果图，而这些效果图普遍适用于制造和营销环节。KeyShot渲染器具有以下几大优势：

1. 简单

即使是渲染的初学者，同样可以为自己创建的三维模型渲染出逼真的效果图。简单导入数据，在KeyShot中分配材料，通过拖放到模型上，调整灯光和移动摄像机，将会瞬间看到发生在眼前的效果变换。学习KeyShot渲染器只需要几分钟的时间。

2. 迅速

一切都发生在具有实时渲染功能的KeyShot渲染器中。KeyShot渲染器使用独特的渲染技术，能让你看到材料、照明和相机所有变化的瞬间。用户只要将材质球拖到三维模型上，便会立即看到变化，这种实时变化效果是其他软件不可能实现的。

3. 准确

KeyShot渲染器可以为3D数据提供最精确的渲染解决方案。KeyShot渲染器使用科学准确的材料和现实世界的照明来帮助用户创造出最惊人的图像。KeyShot渲染器拥有准确地模拟计算机图形学照明CIE标准的能力。

4. 强大的架构

KeyShot渲染器不需要任何特殊的硬件，包括显卡。KeyShot渲染器充分利用计算机所有的内核和线程。用户的电脑性能越强大，KeyShot的运行相应越快。KeyShot渲染器的性能与电脑系统内核和线程的数量呈线性关系。如果用户的电脑拥有双芯的CPU，那么电脑的双重性能可以降低一半的渲染时间。

5. 大型数据集

因为KeyShot渲染器是基于CPU的，任何进口数据存储在RAM中而不是显卡，从而KeyShot渲染器可以处理非常大的数据集。KeyShot渲染器的高度优化，使得它能够处理数以百万计的多边形模型。

6. 惊人的动画

KeyShot渲染器革命性的新动画系统带来的是一个快速、简单地创建动画的平台。KeyShot渲染器不依赖于插入和管理的关键帧。相反，应用个人变换（旋转、平移等）建立新的动画，通过单击按钮的方式播放动画，如下图所示。

8.1.2　KeyShot渲染器的界面

KeyShot渲染器的工作界面主要由标题栏、菜单栏、工作区、命令行4部分组成，如下图所示。

1. 标题栏

标题栏用于显示在KeyShot中运行文件的名称和类型。

2. 菜单栏

菜单栏包含"文件"、"编辑"、"渲染"、"查看"、"帮助"菜单项，这里几乎包含了KeyShot的所有基本操作。

3. 工作区

工作区用于显示模型的大小、位置、材质、灯光和即时渲染的效果。在工作区内可以按住单击鼠标左键拖动KeyShot自带的默认相机，查看模型的不同角度。通过按住鼠标中键可拖动模型的位置。通过鼠标滚轮可调节模型的大小。

4. 命令行

命令行包含"导入"、"库"、"项目"、"动画"、"截屏"、"渲染"、"KeyShotVR"7个选项。"动画"命令可以查看和修改文件中包含的动画。"截图"可以快速为客户展示一件产品的雏形。"渲染"可以设定图片或动画的格式、分辨率、尺寸等信息。

8.1.3 KeyShot功能及参数设置

单击KeyShot命令行中的按钮,均会弹出一个对话框或控制面板,下面我们将对几个主要的命令面板进行介绍。

1. 库

在库面板中主要包含KeyShot自身携带的材质、灯光环境、背景、纹理等信息。用户在进行渲染时,可以根据需要选择自己喜欢的材质、灯光环境、背景。随后拖入工作区中即可。下图分别为材质选项卡、环境选项卡和背景选项卡。

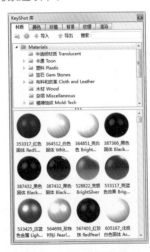
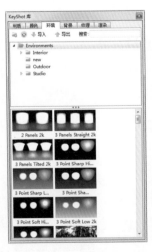

2. 项目

项目面板主要包含模型的信息,如下图所示。用户可以在项目面板中对模型的组件、材质、环境、背景信息进行修改。

3. 动画

Key Shot VR可以快速制作一段产品展示动画,让客户更清晰地了解一件产品的各个细节和产品各个机构的活动方式。下图为创建动画的导向面板。

4. 渲染

单击"渲染"命令,弹出"渲染选项"对话框,在"输出"选项面板中可选择要渲染图片的保存位置、格式和分辨率,如下左图所示。在"质量"选项面板中可调节采样值和阴影品质,如下右图所示。

此外,在"队列"选项面板中还可以将目前的和灯光环境渲染角度下的模型添加到渲染队列中,这样方便一次性渲染多张图片,关于其他选项面板的功能读者可以自行查看并体验。

8.2 渲染前的准备

Rhino模型的渲染输入过程包括在Rhino软件中为模型的每个部件分图层，将Rhino文件导入KeyShot中。

8.2.1 准备Rhino文件

合理地使用图层可以很好地组织模型中的对象，将建成模型的每个部件根据不同的材质设置不同的图层，这样便于导入渲染软件进行渲染。

调用"图层"命令的方式和调用其他命令的方式相似，也分为三种。

- 菜单：执行"编辑>图层"命令。
- 按钮：单击"标准>图层"工具栏中 按钮。
- 键盘命令：Layer。

下面我们将通过一个具体的案例来进行介绍。

步骤01 打开实例文件"飞利浦剃须刀.obj"，调用编辑图层命令，新建图层并为图层重命名，改变图层的颜色，如下图所示。

步骤02 依次选中刀头的三个金属片部分，然后将其图层调整为"刀头"，如下图所示。采用与上一步相同的方法，将其他部件调整到相应的图层中。

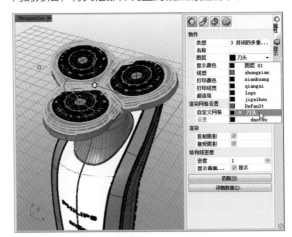

专家技巧：图层数量的控制

图层的数量应该和剃须刀的结构部件相对应，这样便于将剃须刀的每个部件都调整到相应的图层中。

8.2.2 将文件导入KeyShot

打开KeyShot文件，单击命令行的"导入"命令，弹出"KeyShot导入"对话框，在相应的路径中找到"飞利浦剃须刀.obj"文件后单击"确定"按钮，弹出如下图所示的对话框。

一般情况下单击"导入"按钮即可。如果想要调整导入模型在KeyShot中的位置，可以单击"显示设置"按钮，将打开如右图所示对话框，在其中进行调节，这些命令都比较简单，在此不做过多介绍。

8.3 渲染模型流程

本节将以剃须刀模型的渲染为例，对KeyShot渲染器的使用方法进行详细介绍。

8.3.1 导入Rhino模型

打开KeyShot渲染器，随后便可轻松导入各种模型，在此我们导入一个剃须刀模型，如下图所示。

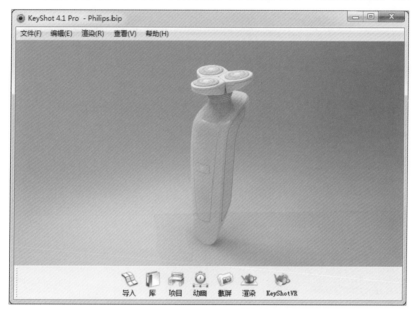

8.3.2 为模型赋予材质

材质库中共有700种科学准确的材质，通过简单的复制和粘贴，便可以从材质库中调用任意材质渲染模型。在此，依次将自己喜欢的材质拖到模型的不同部件上，便可看到剃须刀的材质效果，如下图所示。

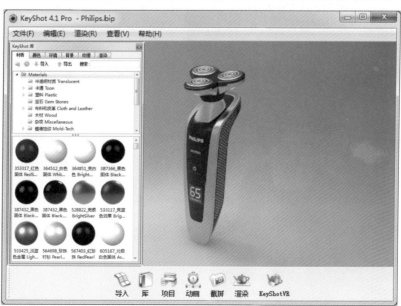

8.3.3　添加HDRI环境贴图

　　在"KeyShot库"面板的"环境"选项卡中，只需选择一个环境图像（HDRI）便可以改变照明环境。一旦改变照明环境，用户会看到真实世界的照明效果下的材质、颜色和光泽感。根据自己的喜好把适当的HDRI拖入工作区内，在此，剃须刀将出现如下图所示的质感效果。

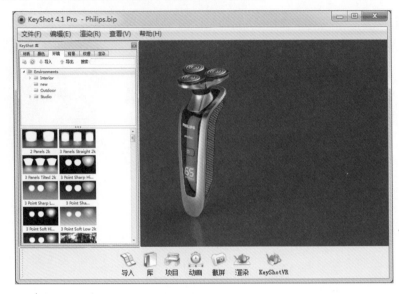

8.3.4　调整渲染视角

　　在"项目"面板的"相机"选项卡中，用户可以改变角度、距离和扭曲，还可以设置焦距和视角，从而能很容易地模拟场景的景深效果。

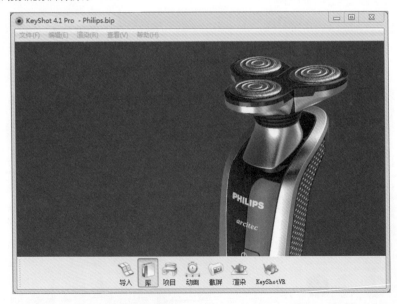

8.3.5　添加模型场景背景贴图

　　在KeyShot渲染器中，用户可以快速地选择预加载照片，或设置自己喜欢的图像作为渲染背景，如下图所示。

8.3.6 设置渲染参数

单击"渲染"按钮，将会弹出如下左图所示的对话框，从中根据需要调节各个参数，用户可以逐一对该对话框左侧的选项卡进行切换并作出设置，如下右图所示。

 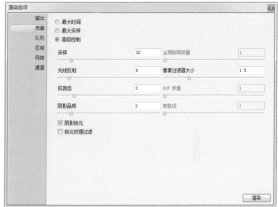

8.3.7 最终渲染出图

从开始到结束，简单的七步过程便可以渲染出美丽的图像，如右图所示。

进阶案例 渲染多士炉模型

完成了上述内容的学习之后，接下来练习多士炉模型的渲染操作。

1. 渲染前的准备工作

Rhino模型在导入KeyShot渲染之前需要在Rhino软件中进行分层。下面我们来详细讲解多士炉的渲染准备工作。

01 在Rhino软件中将多士炉模型打开，调用编辑图层命令，新建图层并为图层重命名，改变图层的颜色，如下图所示。

02 将多士炉面包片出口的图层调整为jinshu，如下图所示。

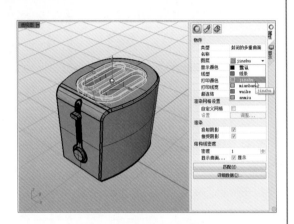

03 将多士炉的外壳图层调整为waike，如右图所示。

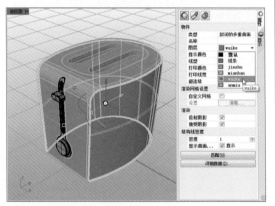

04 将多士炉的面板图层调整为mianban，如右图所示。

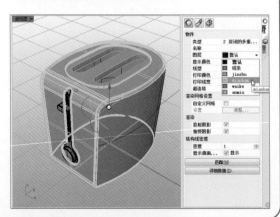

05 将多士炉的旋钮和滑杆的图层调整为anniu，如下图所示。

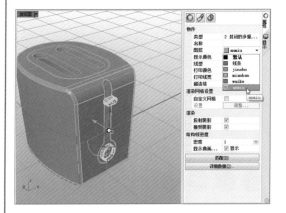

06 将多士炉旋钮背后的面板的图层调整为waike，如下图所示。在完成图层分配后保存文件。

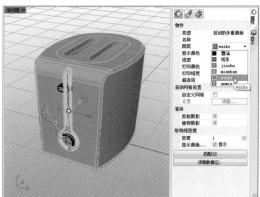

2. 将Rhino文件导入KeyShot

接下来将模型导入KeyShot渲染器中。

01 打开KeyShot渲染器，如下图所示。

02 单击"导入"命令，在对话框中找到多士炉的源文件，单击"打开"按钮，如下图所示。

03 随后弹出如下图所示的对话框，单击"导入"按钮便可导入模型。

04 成功导入的模型如下图所示。

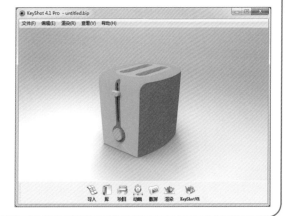

专家技巧：导入出错的解决方法

若导入后发现丢失零件，需在Rhino中安装KeyShot 4渲染通道插件，然后在犀牛中启动KeyShot。

3. 为模型赋予材质

下面将为模型赋予材质，具体操作过程如下。

01 打开"KeyShot库"面板，在"材质"选项卡中选择"金属>不锈钢"材质，将合适的材质球拖到相应的部件上，如下图所示。

02 在"材质"选项卡中选择"油漆>抛光"材质，将合适的材质球拖到相应的部件上，如下图所示。

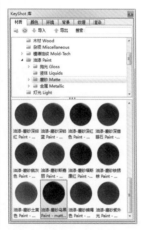

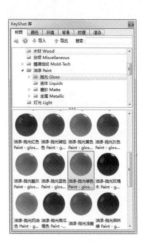

03 在"材质"选项卡中选择"油漆>磨砂"材质，将合适的材质球拖到相应的部件上，如下图所示。

04 在"材质"选项卡中选择"油漆>抛光"材质，将橡胶材质球拖到相应的部件上，如下图所示。

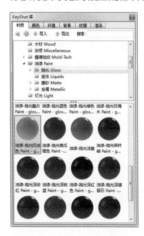

05 全部赋予完成材质的多士炉效果如右图所示。

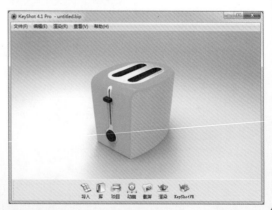

4. 设置渲染环境

下面将对渲染环境进行设置。

01 在"KeyShot库"面板的"环境"选项卡中将合适的灯光环境拖入场景中，如下图所示。

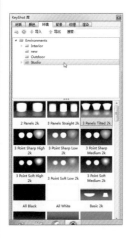

02 打开"项目"面板，在"环境"选项卡中调节灯光旋转角度，设置背景为"色彩"，颜色设为白色，如下图所示。

5. 渲染设置及出图

下面将对渲染设置及出图操作进行介绍。

01 单击"渲染"命令，弹出"渲染选项"对话框，在"输出"选项面板中选择要渲染图片的保存位置、格式和分辨率，如下图所示。

02 在"质量"选项面板中调节采样值和阴影品质，如下图所示。

03 在调整完参数后，单击"渲染"按钮，最终效果如右图所示。

课后练习

一. 选择题

1. 想要在Rhino软件中对模型的图层进行编辑，应单击（　　）按钮调用编辑图层命令。

　A. 　　　　　　　　　　　　B. 🔘

　C. 🔲　　　　　　　　　　　　　　　　D. 🔲

2. 在"KeyShot库"面板中不包含KeyShot自身携带的（　　）信息。

　A. 环境　　　　　　　　　　　　B. 材质

　C. 颜色　　　　　　　　　　　　D. 灯光

3. 想要移动HDRI环境贴图中灯光的位置，最简单的方法是在"项目"面板的"环境"选项卡中（　　）。

　A. 调整大小　　　　　　　　　　　B. 拖到选择按钮

　C. 调节亮度　　　　　　　　　　　D. 调整高度

二. 填空题

1. 在导入KeyShot进行渲染之前，应先在Rhino软件中为模型＿＿＿＿＿＿。

2. KeyShot的工作界面主要由＿＿＿＿＿、＿＿＿＿＿、＿＿＿＿＿和＿＿＿＿＿四部分组成。

3. "项目"面板主要包含模型的信息，可以在"项目"面板中对模型的组件、＿＿＿＿＿、＿＿＿＿＿和背景信息进行修改。

三. 操作题

参考下图，利用第10章制作的未来飞行器模型，渲染出一张效果图。

Chapter

09

制作热水壶

热水壶是生活中常见的家用电器产品之一，近年来湖南大学工业设计研究生入学考试的建模考题中曾多次出现热水壶的建模与渲染，为了让大家更了解这类产品的特点和建模方法，本章将为大家详细讲述热水壶的建模与渲染过程。

知识要点

① 旋转成形生面
② 双轨扫掠的应用
③ 曲面偏移的应用

上机安排

学习内容	学习时间
● 制作壶身	20分钟
● 制作壶底盘	20分钟
● 制作壶嘴	30分钟
● 制作壶盖	20分钟
● 渲染热水壶	30分钟

9.1 建模准备

为了顺利完成模型的创建，下面将介绍如何导入辅助建模视图。

步骤01 将热水壶的图片直接拖入Rhino前视图的工作视窗中，弹出"图片选项"对话框，单击"确定"按钮即可，如下图所示。勾选"正交"选项或按住Shift键，将图片放在前视图的适当位置，如右图所示。

步骤02 画一条与壶底盘直径相等的水平直线，如下图所示。

步骤03 开启捕捉中点，画一条竖直线并向下移动适当的距离，如下图所示。

步骤04 调用"移动"命令，将背景图和两根直线选中，移动的起点选择为两直线的交点，移动的终点坐标为(0,0)，如下图所示。

步骤05 将背景图沿Y轴方向平移较远的距离，如下图所示，随后将背景图锁定。

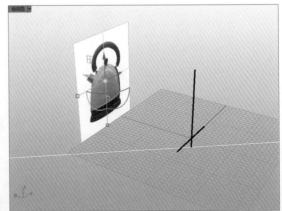

9.2 壶身的制作

下面将对壶身的制作过程进行详细介绍。

步骤01 调用"控制点曲线"命令，画一条3阶8点的轮廓线，如下图所示。

步骤02 打开控制点，调用"设定XYZ轴坐标"命令，将曲线顶端的两个控制点的位置调整到同一条水平线上，如下图所示。

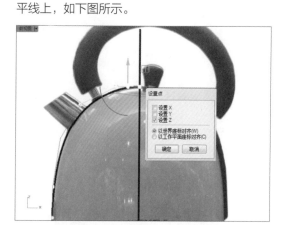

步骤03 调节其他控制点的位置使轮廓线与壶身的边缘对齐，如下图所示。

步骤04 关闭控制点，如下图所示。

步骤05 调用"旋转成形"命令，将轮廓线旋转成封闭的曲面，如下图所示。

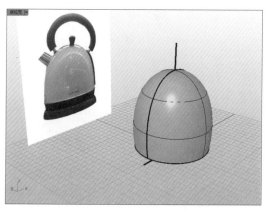

步骤06 右击顶视图，将其显示模式变为着色模式，如下图所示。

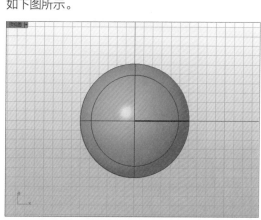

步骤07 调用"调节封闭曲面的接缝"命令，将曲面的接缝调节到-45°的位置。

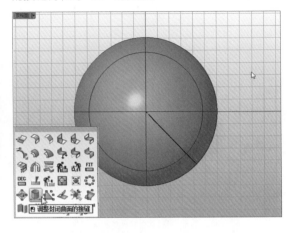

步骤08 在金属环的位置画一条水平直线，位置如下图所示。

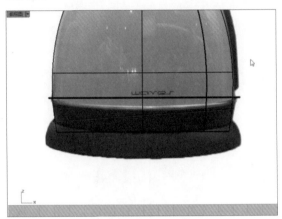

步骤09 将上一步所画的直线向下复制一条，如下图所示。

步骤10 调用"分割"命令，在前视图中，使用两根直线将曲面分割，分割后的效果如下图所示。

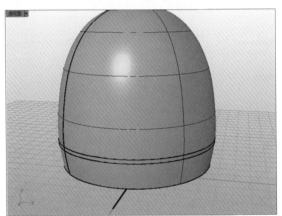

步骤11 开启捕捉最近点，使用"控制点曲线"命令，在前视图中画一条3阶3点的曲线，如下图所示。

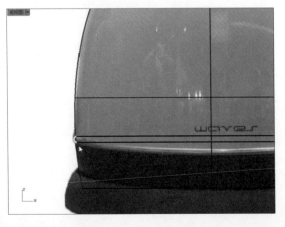

步骤12 调用"双轨扫掠"命令，依次选取两条路径和截面线，弹出"双轨扫掠"对话框，单击"确定"按钮，完成双轨扫掠曲面的创建，如下图所示。

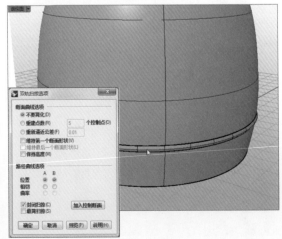

步骤13 调用"反转方向"命令，将环形曲面的法线方向翻转，如下图所示。

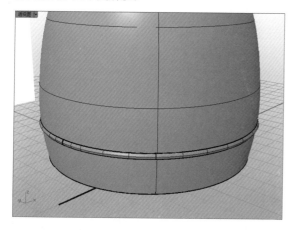

步骤14 将环形曲面隐藏，然后将剩余的曲面组合为一个多重曲面，如下图所示。

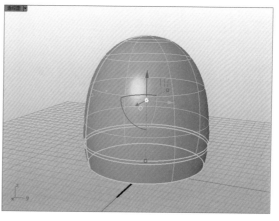

步骤15 对调隐藏与显示的物件，将环形曲面的两个边缘放样出一个新曲面，如下图所示。

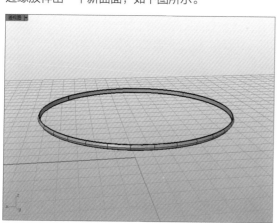

步骤16 将两个曲面组合为一个新的多重曲面，如下图所示。

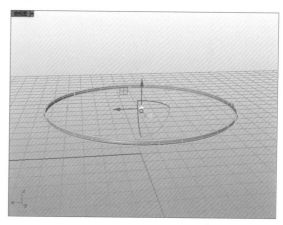

步骤17 将壶身显示出来，调用"以平面曲线建立曲面"命令，为曲面底部加盖，将底部的曲面与壶身曲面组合，如下图所示。

步骤18 为壶身底部的边缘倒一个适当的圆角，如下图所示。

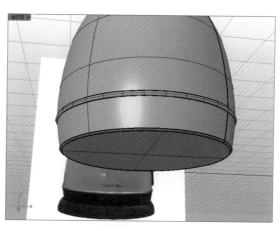

9.3 壶底盘的制作

完成壶身的制作之后，接下来介绍壶底盘的制作过程。

步骤01 在前视图中画一条直线，长度与壶底盘顶端的直径相等，如下图所示。

步骤02 调用"圆：直径"命令，捕捉上一步的直线画圆，如下图所示。

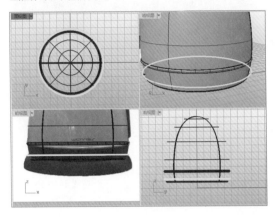

步骤03 参照上述的操作方法，绘制壶底盘底端的圆，如下图所示。

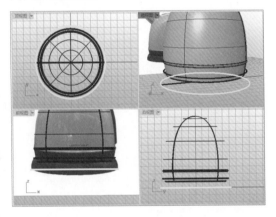

步骤04 开启捕捉最近点，画一条2阶3点的截面线，如下图所示。

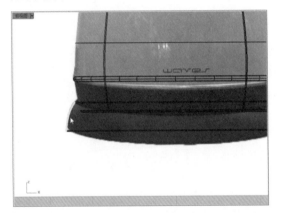

步骤05 选取截面线，打开控制点，调节控制点的位置，使截面线与视图中壶底盘的边缘线对齐，如下图所示。

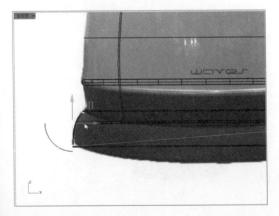

步骤06 调用"双轨扫掠"命令，依次选取两个圆和截面线，在弹出的对话框中进行设置，最后单击"确定"按钮，如下图所示，完成曲面的创建。

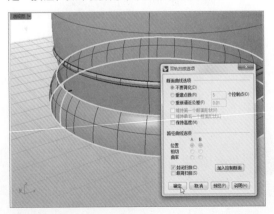

步骤07 调用"以平面曲线建立曲面"命令，创建壶底盘的底面，如下图所示。

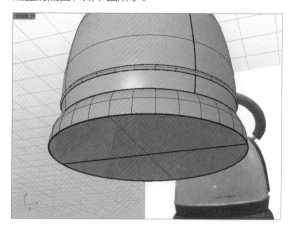

步骤08 将两个曲面组合为一个多重曲面，效果如下图所示。

步骤09 调用"反转方向"命令，反转多重曲面的法线方向，如下图所示。

步骤10 为多重曲面的边缘倒角，如下图所示。

步骤11 调用"曲面偏移"命令，将多重曲面向内偏移，如下图所示。

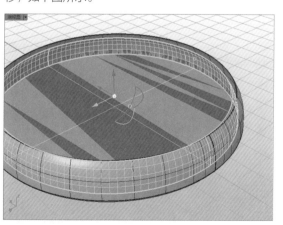

步骤12 画一条直线，将两个曲面连接，如下图所示。

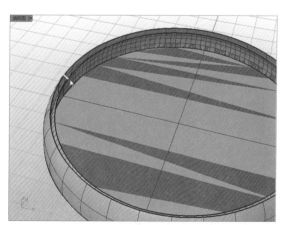

步骤13 调用"双轨扫掠"命令，创建曲面，如下图所示。

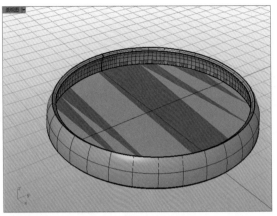

步骤14 将几个曲面组合为一个多重曲面，效果如下图所示。

步骤15 为多重曲面的边缘倒适当的圆角，效果如下图所示。

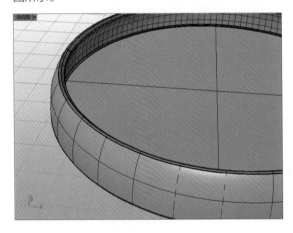

步骤16 以着色模式查看创建好的壶底盘曲面的光滑程度，如下图所示。

9.4　壶嘴的制作

下面将对壶嘴的制作进行详细介绍。

步骤01 在前视图中沿壶嘴的边缘线画一条直线，如右图所示。

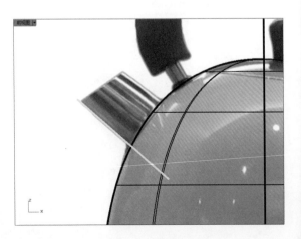

知识链接 ▶ 曲面偏移的注意事项

在执行"曲面偏移"命令时，一要注意偏移的方向，以及偏移后的结果是否为实体。二要注意不能对多重曲面直接进行偏移，必须要先对其实施炸开操作。

步骤02 将上一步创建的直线移动到壶嘴的中心位置，如下图所示。

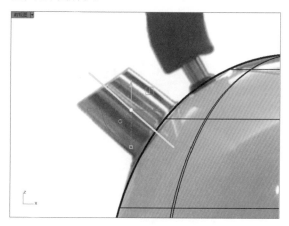

步骤03 调用"圆管（平头）"命令，创建圆柱型壶嘴曲面，如下图所示。

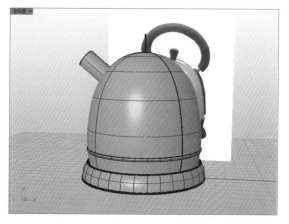

步骤04 在前视图中画一条直线，分割多余的曲面，如下图所示。

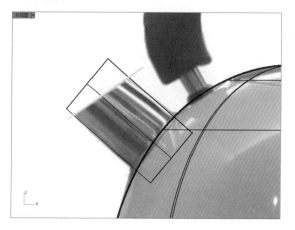

步骤05 将多余的曲面和上一步创建的直线删除，如下图所示。

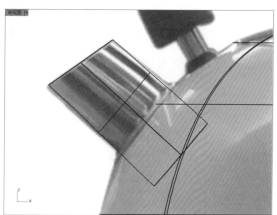

步骤06 调用"交集"运算命令，计算壶身和壶嘴曲面的相交线，如下图所示。

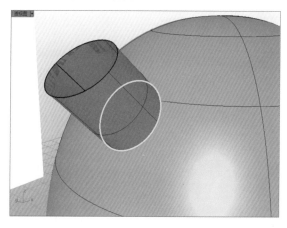

步骤07 调用"偏移曲面上的曲线"命令，将上一步创建的相交线向外偏移一圈，如下图所示。

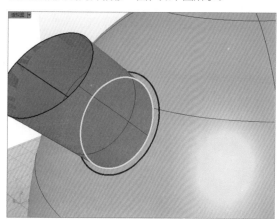

步骤08 只显示壶身和偏移曲线，调用"分割"命令，使用偏移曲线将壶身分割，如下图所示。

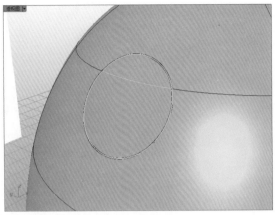

步骤09 调用"偏移曲线"命令，将选中的曲面偏移出一个实体，如下图所示。

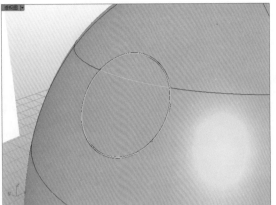

步骤10 显示壶嘴曲面，将壶嘴曲面与偏移出的实体做布尔交集运算，如下图所示。

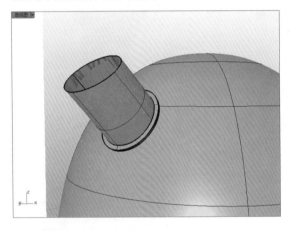

步骤11 为壶嘴底部的边缘分别倒圆角，效果如下图所示。

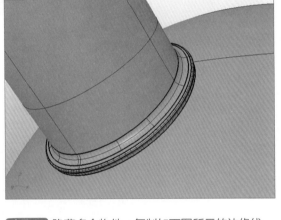

步骤12 利用着色模式，查看倒角后的光影效果，如下图所示。

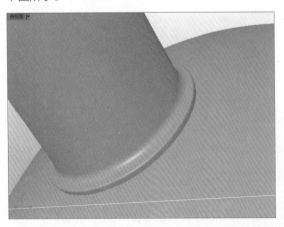

步骤13 隐藏多余物件，复制如下图所示的边缘线。

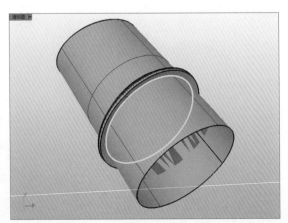

步骤14 调用"修剪"命令，使用上一步中的边缘线将壶嘴背部多余的曲面剪掉，如下图所示。

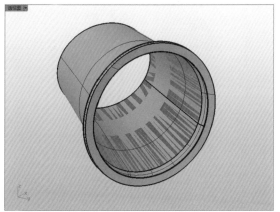

步骤15 将壶嘴炸开为多个曲面，并将最大的曲面向内侧偏移出一定的厚度，如下图所示。

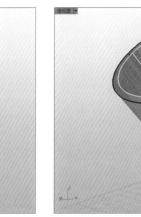

步骤16 使用"放样"命令，选取两个曲面的边缘，生成一个新的环形曲面，如下图所示。

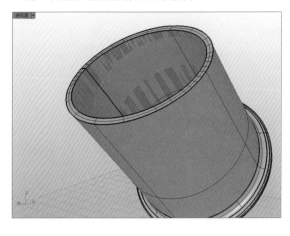

步骤17 反转环形曲面的方向，如下图所示。

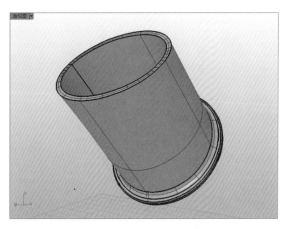

步骤18 调用曲面混接命令，将壶嘴背部的曲面连接在一起，如下图所示。

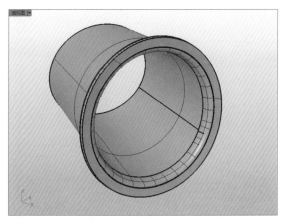

步骤19 将所有的曲面组合为一个多重曲面，并为各个边缘分别倒圆角，如下图所示。

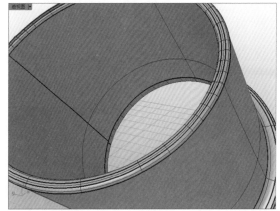

步骤20 利用着色模式查看创建好的壶嘴的光影效果，如下图所示。

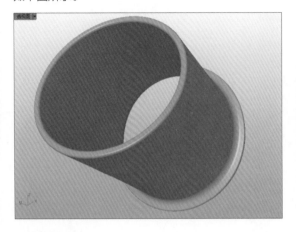

步骤21 隐藏多余物件，只显示壶身和两条环形曲线，如下图所示。

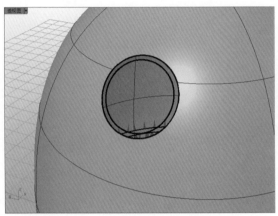

步骤22 调用"取消修剪"命令，将壶身的洞口复原，如下图所示。

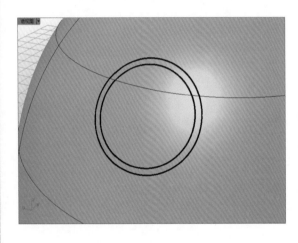

步骤23 使用较小的环形曲线重新修剪出一个洞口，这样壶身洞口的大小与壶嘴的直径刚好互相吻合，如下图所示。

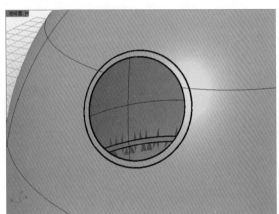

9.5　壶盖的制作

下面将对壶盖的制作进行详细的介绍。

步骤01 在前视图中沿壶盖的中心线画一条直线作为中轴线，如右图所示。

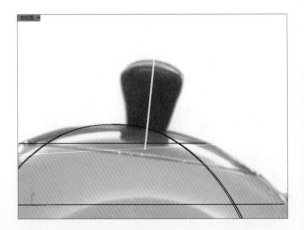

知识链接 ▶ 着色模式的应用

执行"着色"命令，可以通过物件表面的光影检测其表面是否光滑，从而简单、快捷地检查曲面的质量。

步骤02 调用"控制点曲线"命令，沿壶盖的盖把手边缘画一条3阶9点的轮廓线，如下图所示。

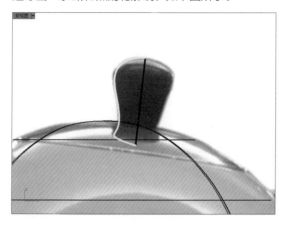

步骤03 打开控制点，然后调节控制点的位置，如下图所示。

步骤04 将中轴线和轮廓线旋转到竖直位置，如下图所示。

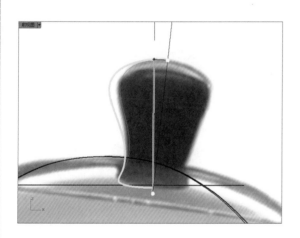

步骤05 打开曲线的控制点，选中曲线顶端的两个控制点，调用"设定XYZ轴坐标"命令，弹出"设置点"对话框，勾选"设置Z"复选框，设置完成后单击"确定"按钮。随后将曲线顶端和底端的两个控制点的位置调整到同一条水平线上，如下图所示。

步骤06 在顶视图中用同样的方法将控制点的位置调整到同一条水平线上，如下图所示。

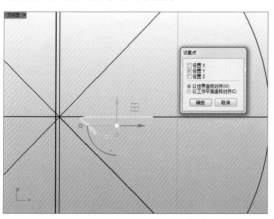

步骤07 将中轴线和轮廓线旋转到原来的位置，如下图所示。

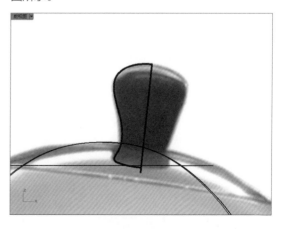

步骤08 调用"旋转成形"命令，将轮廓线沿中轴线旋转成封闭的曲面，如下图所示。

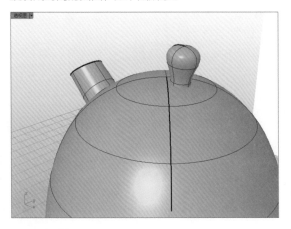

步骤10 调用"偏移曲面"命令，将壶盖向下偏移，如下图所示。

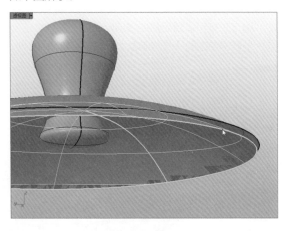

步骤12 在命令行中选择"两侧"挤出方式，完成曲面的挤出操作，其挤出长度如下图所示。

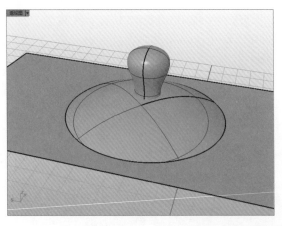

步骤09 沿壶盖的位置画一条直线，使用"切割"命令，切割出壶盖部分，如下图所示。

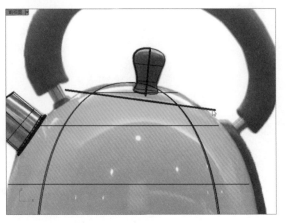

步骤11 将步骤09中的直线挤出曲面，挤出方向如下图所示。

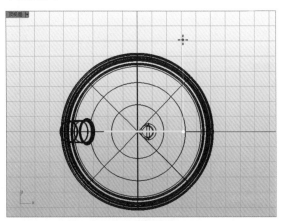

步骤13 调用"分割"命令，用挤出的曲面切割偏移的壶盖曲面，如下图所示。

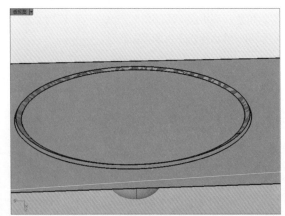

步骤14 删除多余的曲面，如下图所示。

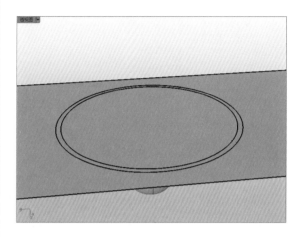

步骤15 隐藏挤出的曲面，使用"放样"命令，选取两个壶盖面的边缘，生成新的曲面，如下图所示。

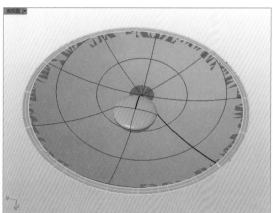

步骤16 将三个曲面组合为一个多重曲面，效果如下图所示。

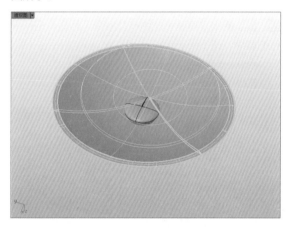

步骤17 使用"布尔运算分割"命令将壶盖分割，如下图所示。

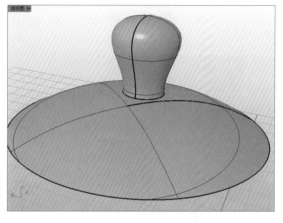

步骤18 隐藏壶盖的盖把手，如下图所示。

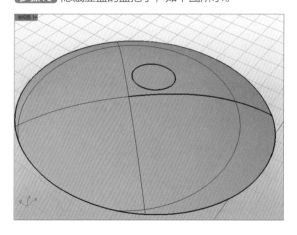

步骤19 删除多余的物件，如下图所示。

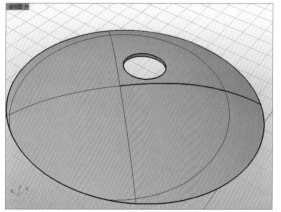

步骤20 将壶盖的边缘倒圆角，如下图所示。

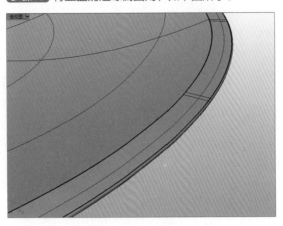

步骤21 制作好的壶盖最终效果如下图所示。

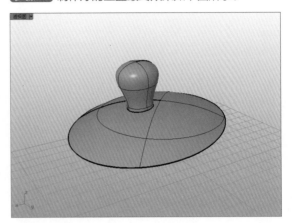

9.6 壶把手的制作

下面将对壶把手的制作进行介绍。

步骤01 在前视图中画一条直线作为中轴线，如下图所示。

步骤02 使用"直线：从中点"命令，画两条相互平行的直线，如下图所示。

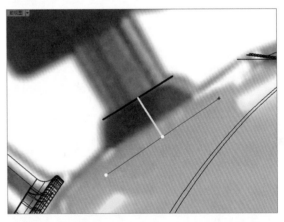

步骤03 使用"2D旋转"命令，将前面画的三条线旋转到竖直位置，如下图所示。

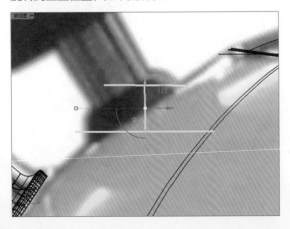

步骤04 开启端点捕捉，创建一个平顶锥体，如下图所示。

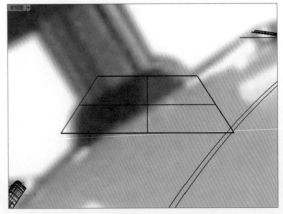

步骤05 删除多余的直线，将平顶锥体旋转到与图片中壶把手基座对齐的位置，如下图所示。

步骤06 画一条直线作为轴线，为下一步创建圆管做准备，如下图所示。

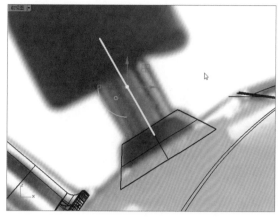

步骤07 调用"圆管"命令，利用上一步的中轴线画一根圆管，如下图所示。

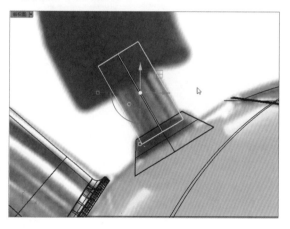

步骤08 调用"控制点曲线"命令，沿壶把手的走势画一条3阶7点的控制点曲线，如下图所示。

步骤09 打开控制点，调节曲线到适当的位置，如下图所示。

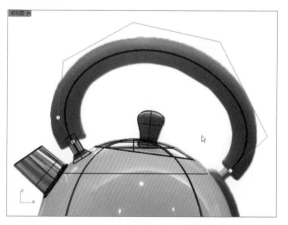

步骤10 在顶视图中检查发现控制点不在同一条水平线上，调用"设定XYZ坐标"命令，将其调整到同一水平线上，如下图所示。

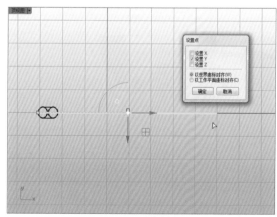

步骤11 调用"圆管"命令,利用上一步调节好的曲线创建圆管,如下图所示。

步骤12 在透视图中查看把手的效果,如下图所示。

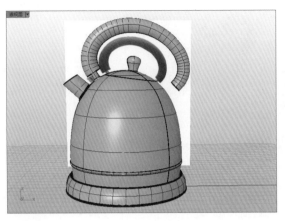

步骤13 在前视图中画一条直线作为中轴线,如下图所示。

步骤14 利用上一步的中轴线画一条圆管,效果如下图所示。

知识链接 **多个视窗的综合应用**

在调节曲线的控制点时,要从多个窗口进行操作并确认,以避免在单一窗口中的调节出现偏差,从而导致建模失败。

步骤15 沿着壶把手的后基座画两条直线,效果如下图所示。

步骤16 沿着后基座的边缘画一条3阶7点的曲线,如下图所示。

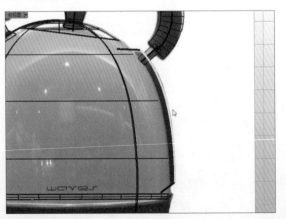

步骤17 打开控制点，调节曲线的位置，如下图所示。

步骤18 将调节好的曲线复制一份，如下图所示。

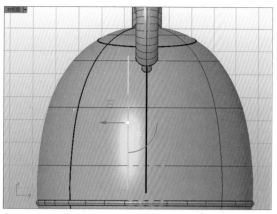

步骤19 调用"打开点"命令，打开控制点，如下图所示。

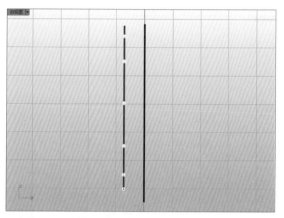

步骤20 开启捕捉端点，将第一个控制点移动到曲线的端点，如下图所示。

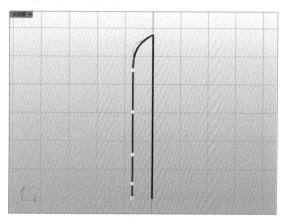

知识链接 快速复制对象

在复制对象时，可以按住AIT键的同时用鼠标左键进行拖曳实现快速复制。

步骤21 将第一个和第二个控制点调整到同一条水平线上，将最后两个控制点也调整到同一条水平线上，如下图所示。

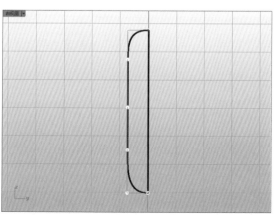

步骤22 关闭控制点，并将调整好的曲线镜像一份，如下图所示。

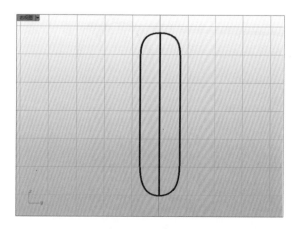

步骤23 隐藏多余的曲线，如下图所示。

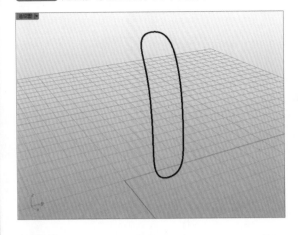

步骤24 调用"放样"命令，生成如下图所示的曲面。

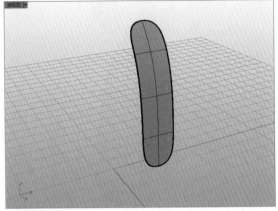

步骤25 调用"显示选取的物件"命令，显示步骤15中创建的曲线，如下图所示。

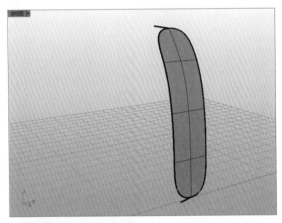

步骤26 使用"双轨扫掠"命令，创建如下图所示的曲面。

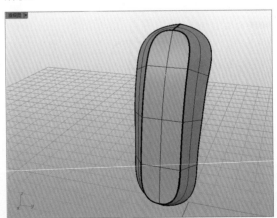

专家技巧：命令行的重要性

在绘制图形时，初学者应根据命令行的提示一步一步进行绘制。

步骤27 将上一步中生成的曲面镜像复制，如下图所示。

步骤28 将所有的曲面组合为一个多重曲面，如下图所示。

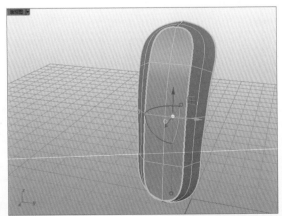

步骤29 为多重曲面的边缘倒圆角，发现倒圆角失败，如下图所示。此时，应换用圆管倒角法进行倒角操作。

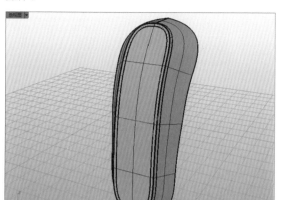

步骤30 撤销上一步操作，沿多重曲面边缘线创建圆管，如下图所示。

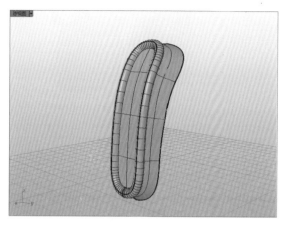

步骤31 调用"交集"运算命令，计算圆管和多重曲面的相交线，如下图所示。

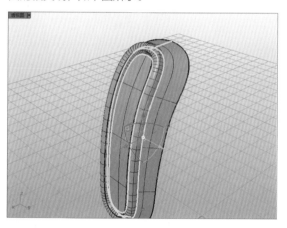

步骤32 选取多重曲面，并将其炸开，随后用上一步创建的相交线依次修剪多余曲面，如下图所示。

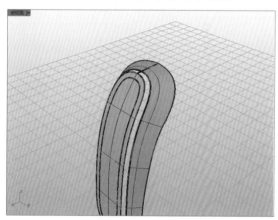

步骤33 调用"混接曲面"命令，依次选取两个边缘，弹出对话框，从中进行设置，如下图所示。

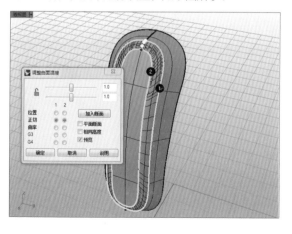

步骤34 设置完成后，单击"确定"按钮，完成曲面的创建，随后将所有曲面组合，如下图所示。

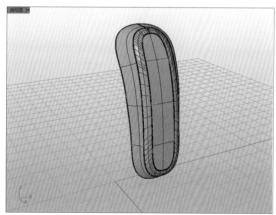

步骤35 显示热水壶的全部物件，如下图所示。

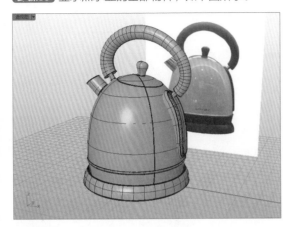

步骤36 把壶身曲面向内偏移一份，如下图所示。

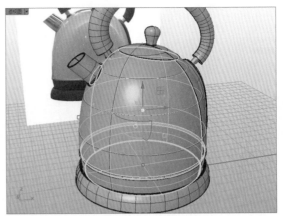

步骤37 计算壶身与壶把手基座的相交线，如下图所示。

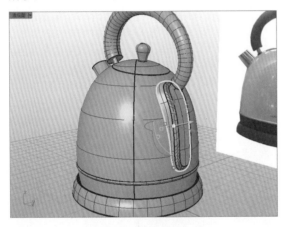

步骤38 使用相交线将多余的曲面剪切掉，如下图所示。

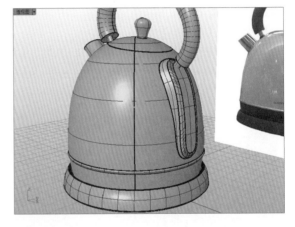

步骤39 隐藏除壶身曲面外的其他物件，如下图所示。

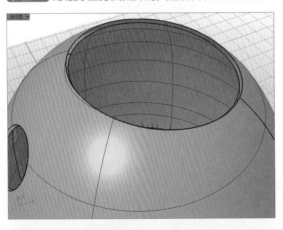

步骤40 画一条直线连接两个曲面，如下图所示。

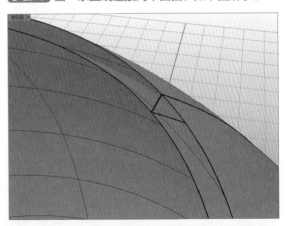

知识链接 边缘圆角注意事项

在使用"边缘圆角"命令时，其操作对象必须是实体或多重曲面。

步骤41 调用"双轨扫掠"命令，创建如下图所示的曲面。

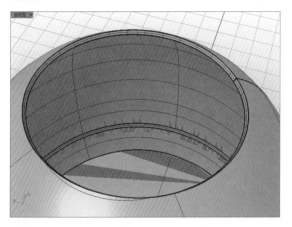

步骤42 以同样方法创建如下图所示的曲面。

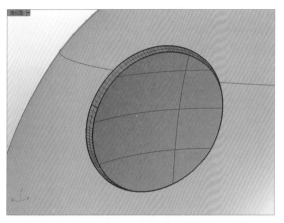

步骤43 将壶身的所有曲面组合为一个多重曲面，如下图所示。

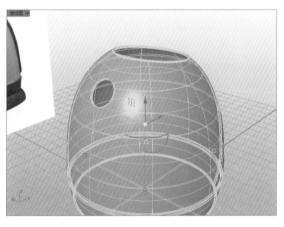

步骤44 为多重曲面的边缘倒角，如下图所示。

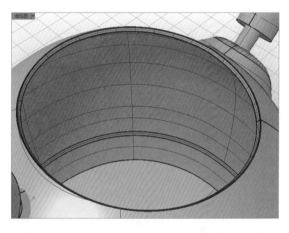

步骤45 调用"显示物件"命令，显示所有物件，并删除多余物件，如下图所示。

步骤46 采用着色模式查看热水壶的光影，如下图所示。

9.7 Logo的制作

下面将介绍壶身Logo的设计操作。

步骤01 在前视图中使用"多重直线"命令，画出w形的多重直线，如下图所示。

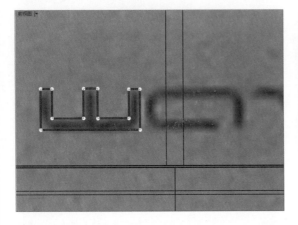

步骤02 为w形多重直线倒圆角，使用"多重直线"命令，画出a形的多重直线，如下图所示。

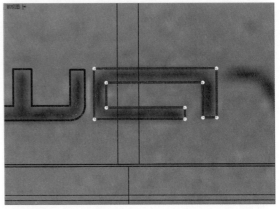

步骤03 使用"多重直线"命令，画出v形的多重直线，并调整点的位置，如下图所示。

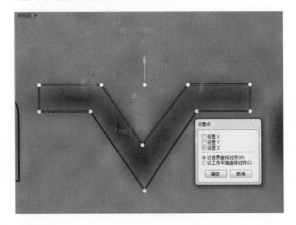

步骤04 使用"多重直线"命令，画出e形的多重直线，如下图所示。

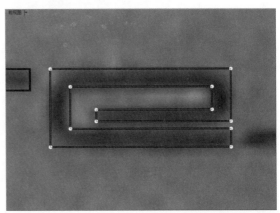

步骤05 运用上述方法绘制出完整的Logo，如下图所示。

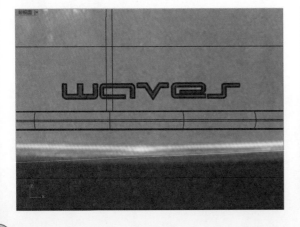

步骤06 在顶视图中将Logo移动到适当的位置，如下图所示。

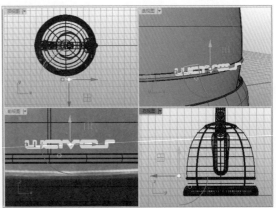

步骤07 将Logo从两侧挤出封闭的曲面，如右图所示。

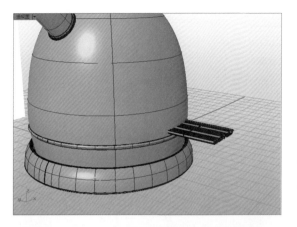

步骤08 使用"布尔运算分割"命令，在壶身上切割出Logo，这样便完成了Logo的创建，如右图所示。

步骤09 显示全部的物件，然后将多余的物件删除掉，完整的热水壶效果图如下图所示。

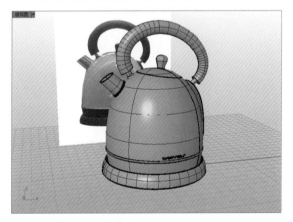

步骤10 解除背景图片的锁定，并删除背景图片，保存文件，完成热水壶的建模，效果如下图所示。

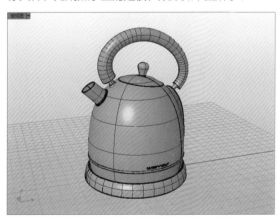

9.8　热水壶的渲染

当完成热水壶的建模操作后，接着对其执行渲染操作。

9.8.1　渲染前的准备工作

下面我们详细讲解热水壶的渲染准备工作。

步骤01 壶身由两种材质组成，所以把壶身单独显示，准备进行分层，如下图所示。

步骤02 将壶身炸开，如下图所示。

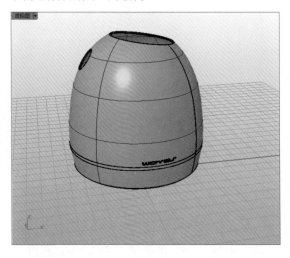
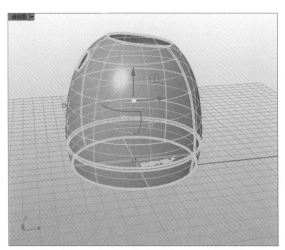

步骤03 将壶身下半部分组合为一个多重曲面，如下图所示。

步骤04 隐藏上一步组合的多重曲面，如下图所示。

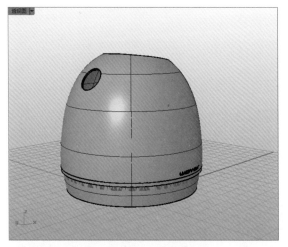

步骤05 将剩余曲面组合为一个多重曲面，调用编辑图层命令，新建图层并为图重命名，改变图层的颜色，如右图所示。

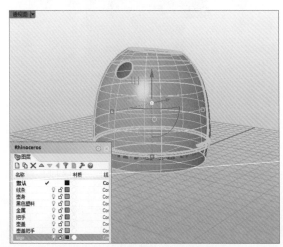

知识链接 ➤ 模型的渲染

由于Rhino 5.0只是一款建模软件，自身的渲染功能并不强大，若想得到最真实的模型效果，应借助Vray、cinema 4d、KeyShot等渲染软件。本书在上一章中已对KeyShot进行了详细介绍，读者可以随时翻阅相关章节进行系统学习。

步骤06 将壶身上半部分的图层调整为"壶身",如下图所示。

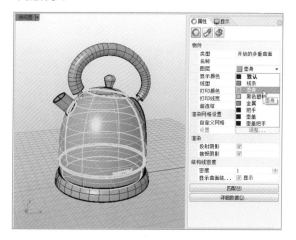

步骤07 将壶身下半部分的图层调整为"黑色塑料",如下图所示。

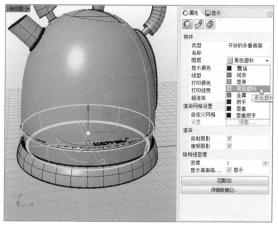

步骤08 将壶底座的图层调整为"黑色塑料",如下图所示。

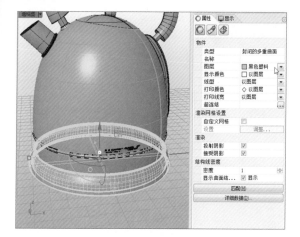

步骤09 将壶把手后基座的图层调整为"黑色塑料",如下图所示。

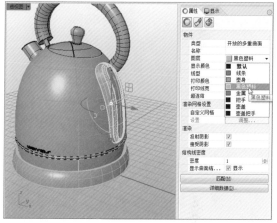

步骤10 将Logo的图层调整为Logo,如下图所示。

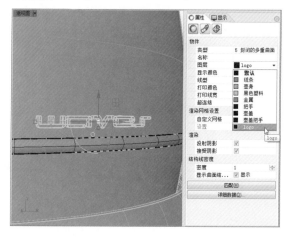

步骤11 将壶盖的图层调整为"壶盖",如下图所示。

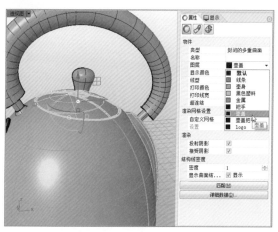

步骤12 将壶盖把手的图层调整为"壶盖把手",如下图所示。

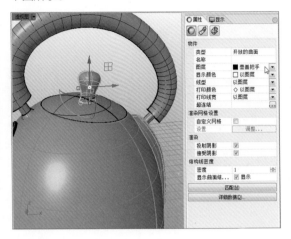

步骤13 将壶把手的图层调整为"把手",如下图所示。

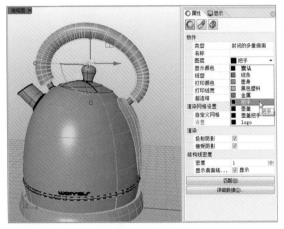

步骤14 将壶嘴、金属环、把手下端圆管的图层调整为"金属",如下图所示。

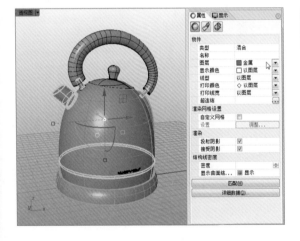

步骤15 将把手基座的图层调整为"黑色塑料",如下图所示。在图层分配完成后保存文件。

9.8.2 将Rhino文件导入KeyShot

完成上述操作后,即可将创建好的模型导入KeyShot中进行渲染。

步骤01 打开KeyShot文件,如右图所示。

步骤02 单击"导入"命令，在"导入文件"对话框中找到热水壶的源文件，单击"打开"按钮，如右图所示。

步骤03 单击"导入"按钮，便可快捷导入模型，如下图所示。导入完成的模型如右图所示。

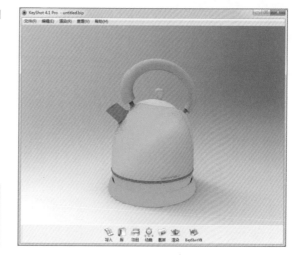

9.8.3 为模型赋予材质

下面将介绍为模型赋予材质的操作。

步骤01 打开"KeyShot库"面板，在"材质"选项卡中选择"塑料>坚硬"材质，将合适的材质球拖到相应的部件上，如下图所示。

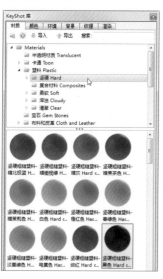

步骤02 在"材质"选项卡中选择"油漆>抛光"材质，将合适的材质球拖到相应的部件上，如下图所示。

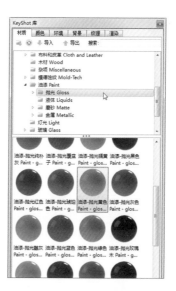

步骤03 在"材质"选项卡中选择"金属>钢铁"材质，将合适的材质球拖到相应的部件上，如下图所示。

步骤04 在"材质"选项卡中选择"杂项"材质，将橡胶材质球拖到相应的部件上，如下图所示。

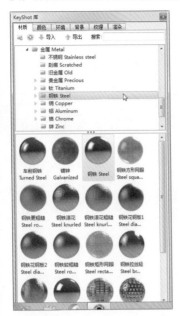

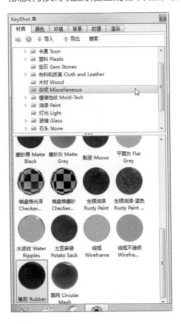

步骤05 在"材质"选项卡中选择"塑料>坚硬"材质，将合适的材质球拖到相应的部件上，如下图所示。

步骤06 全部附好材质的热水壶效果如下图所示。

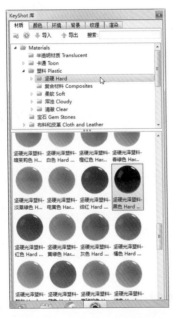

9.8.4 设置渲染环境

接下来介绍渲染环境的设置操作。

步骤01 在"KeyShot库"面板的"环境"选项卡中将合适的灯光环境拖入场景中，如下图所示。

步骤02 打开"项目"面板，在"环境"选项卡中调节灯光的旋转角度，把"背景"设置为"色彩"，颜色设为白色，如下图所示。

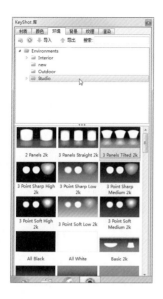

9.8.5 渲染设置及出图

下面将对渲染设置及出图过程进行介绍。

步骤01 单击"渲染"命令，弹出"渲染选项"对话框，在"输出"选项面板中选择要渲染图片的保存位置、格式和分辨率，如下图所示。

步骤02 在"质量"选项面板中调节采样值和阴影品质，如下图所示。

步骤03 调好参数后，单击"渲染"按钮，稍等片刻即可完成渲染操作，最终效果如右图所示。

Chapter

10

制作无人飞行器

本章将综合前面所学的知识，为大家详细讲解未来飞行器建模的全过程，该飞行器包括驾驶舱、机身、引擎以及支架等部件。通过练习制作本案例，读者可以更好地掌握Rhino软件的建模操作。

知识要点

① 曲面的放样
② 曲面的混接
③ 单轨扫掠
④ 工作平面的设置

上机安排

学习内容	学习时间
● 制作驾驶舱	35分钟
● 制作机身	35分钟
● 制作引擎	25分钟
● 制作支架	25分钟
● 渲染飞行器	30分钟

10.1 建模准备

在正式建模前，首先需要导入辅助图片，以便于参照。

步骤01 调用放置背景图命令，在弹出的对话框中找到要导入的图片，如下图所示。

步骤02 将图片放置在前视图中的适当位置，如下图所示。

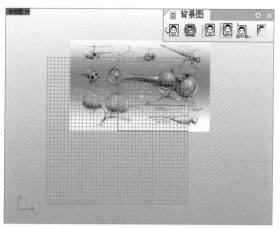

步骤03 在飞行器的前支架顶端创建一个点，将该点作为参考点，为下一步调整图片位置做准备，如下图所示。

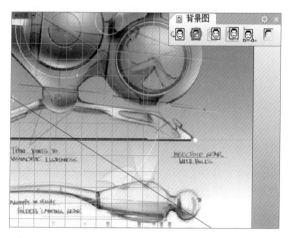

步骤04 选择命令行中"移动"选项，命令行提示"移动的起点"时，选择上一步创建的点。命令行提示"移动的终点"时，将背景图移动到原点，完成背景图的导入，如下图所示。

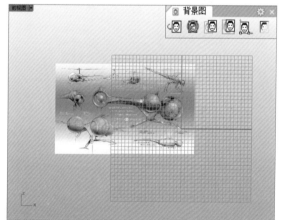

10.2 驾驶舱的制作

下面将首先介绍如何绘制驾驶舱，在这里，驾驶舱包括舱身、舱门、机枪以及导航器等部位。

10.2.1 舱身和舱门的制作

舱身和舱门的具体设计过程如下。

步骤01 在前视图中画一个与驾驶舱体积相同的球体，如下图所示。

步骤02 在前视图中舱门的位置再画一个圆，如下图所示。

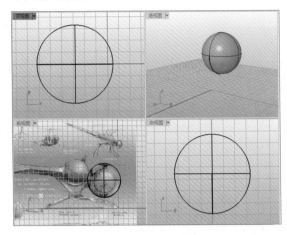

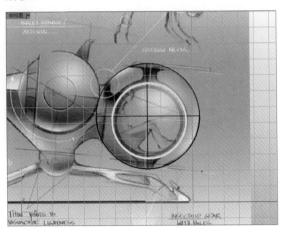

步骤03 调用"投影曲线"命令，将圆投影在球体上，如下图所示。当发现投影线不在同一水平面上时，接下来的操作将会受到影响。

步骤04 在此，在右视图中画一条直线，以便于后面准确切割球体，如下图所示。

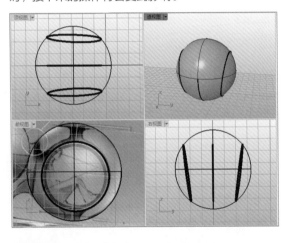

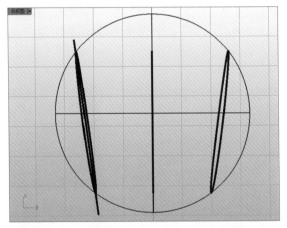

步骤05 按下Detele键删除投影曲线，如下图所示。

步骤06 调用直线挤出命令，在步骤04中所绘直线的基础上挤出一个曲面，如下图所示。

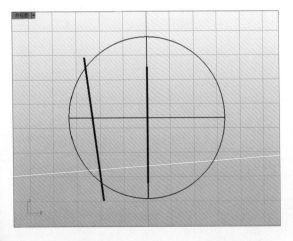

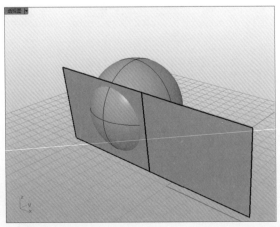

步骤07 在右视图中将挤出的曲面镜像复制，如下图所示。

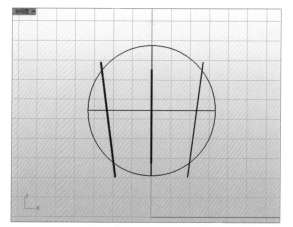

步骤08 将球体向内偏移出一个曲面，调用"分割"命令，用挤出曲面将两个球体切割开，如下图所示。

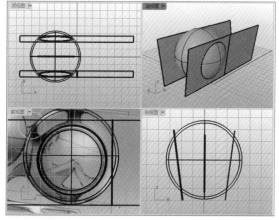

步骤09 隐藏两个挤出曲面，如下图所示。

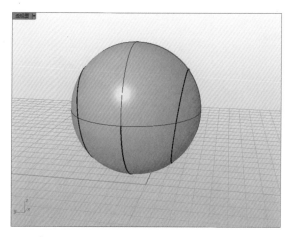

步骤10 隐藏球体的中间部分，将两侧曲面单独显示，如下图所示。

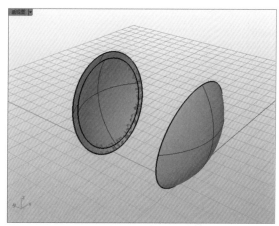

步骤11 调用"放样"命令生成环形曲面，效果如下图所示。

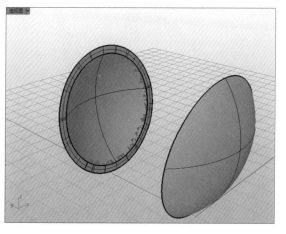

步骤12 将所有曲面组合，完成一侧舱门的基本创建，如下图所示。然后以相同方法完成另一侧舱门的创建。

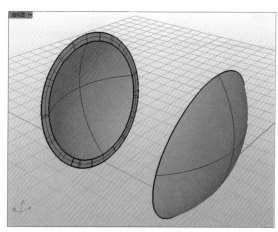

步骤13 将球体中间部分的曲面单独显示，效果如下图所示。

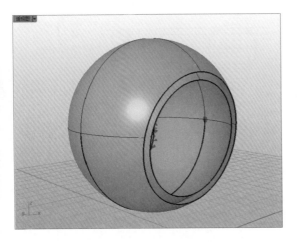

步骤14 调用"放样"命令，依次选择两个球形曲面的边缘，生成环形曲面，并将几个曲面组合，如下图所示。

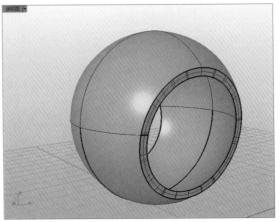

步骤15 显示所有的曲面，效果如下图所示。

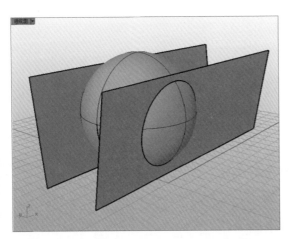

步骤16 将挤出曲面分别向外偏移2个单位，如下图所示。

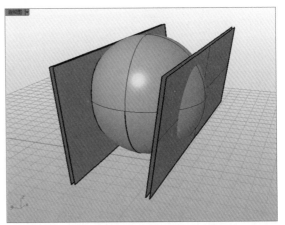

步骤17 调用"布尔运算分割"命令，用偏移的曲面将舱门分割为两部分，分割后的效果如下图所示。

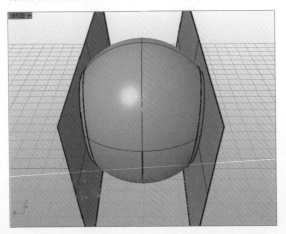

步骤18 将上一步中的偏移曲面分别向内偏移1个单位，并删除原曲面，效果如下图所示。

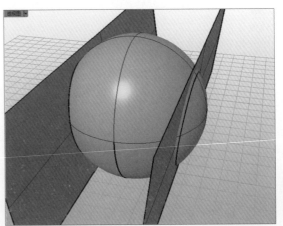

步骤19 只显示曲面和圆环体，如下图所示。

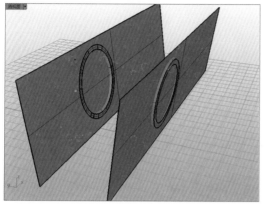

步骤20 再次调用"布尔运算分割"命令，将圆环体分割，如下图所示。

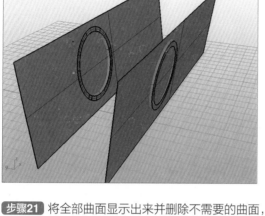

步骤21 将全部曲面显示出来并删除不需要的曲面，如下图所示。

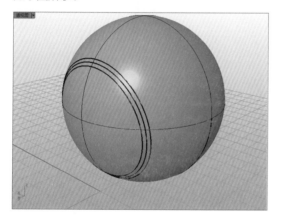

步骤22 为驾驶舱舱身的边缘倒角，如下图所示。

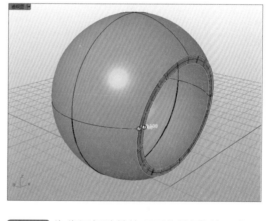

步骤23 为靠近驾驶舱的环形体内侧倒角，如下图所示。

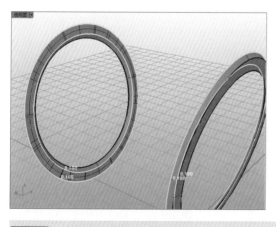

步骤24 为靠近驾驶舱的环形体外侧倒角，如下图所示。

知识链接 ▶ **相邻物件倒角的注意事项**

相邻的两个物件边缘进行倒角时，需要先将要倒角的物件单独显示，换句话说，就是将该物件周围的部分隐藏起来，以便顺利完成倒角操作。

步骤25 为靠近舱门的环形体内侧倒角，如下图所示。

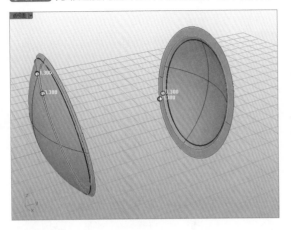

步骤26 为靠近舱门的环形体外侧倒角，如下图所示。

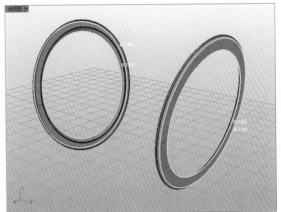

步骤27 为舱门的边缘倒角，如下图所示。

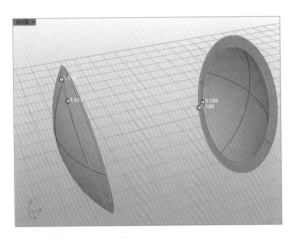

步骤28 完成倒角后的效果如下图所示。至此，完成舱身和舱门的制作。

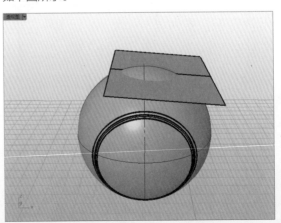

10.2.2 机枪的制作

驾驶舱顶部的机枪设计过程具体介绍如下。

步骤01 在前视图中画一条直线，如下图所示。

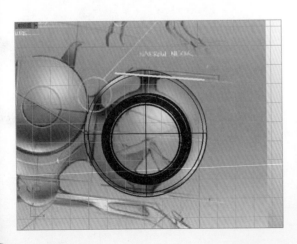

步骤02 将直线挤出为曲面，并与驾驶舱布尔分割，如下图所示。

步骤03 分割后的物件即是机枪基座部件，接下来对该机枪基座的边缘执行倒切角操作，如下图所示。

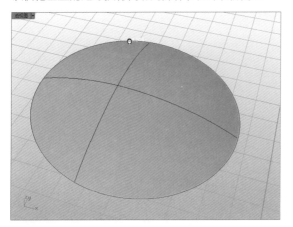

步骤05 画出枪身横截面和枪身长度的直线，如下图所示。在画线时，应开启捕捉中点。

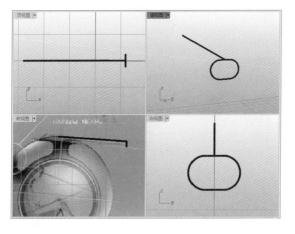

步骤07 调用"以平面曲线建立曲面"命令，以生成新的曲面将枪身封口，效果如下图所示。

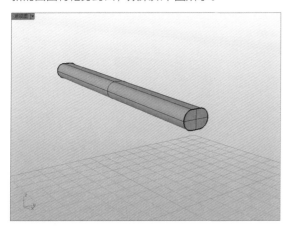

步骤04 对机枪基座倒切角后的边缘执行倒圆角操作，如下图所示。

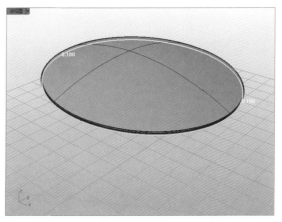

步骤06 调用"单轨扫掠"命令，创建枪身曲面，如下图所示。

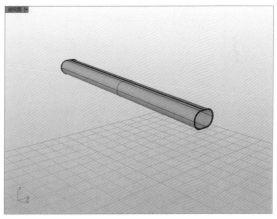

步骤08 创建一个圆柱管实体，并调整其位置，如下图所示。

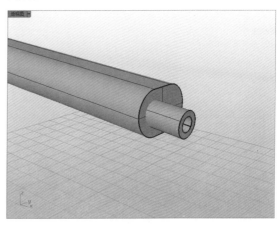

步骤09 将圆柱管复制一份,对圆柱管和枪身做布尔并集运算,如下图所示。

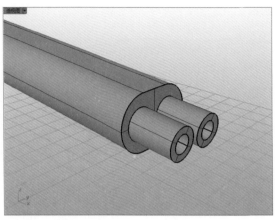

步骤10 分别为布尔运算后的枪身边缘倒圆角,如下图所示。

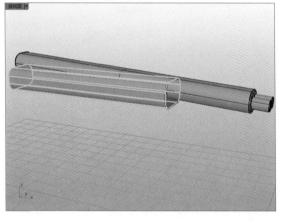

步骤11 在右视图中画一个圆角矩形,如下图所示。

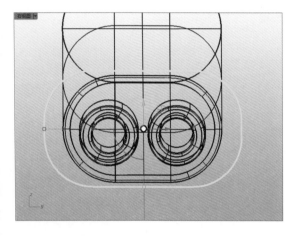

步骤12 切换至透视图窗口,调用"直线挤出"命令将圆角矩形挤出一个实体,挤出效果如下图所示。

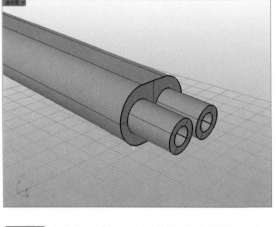

步骤13 调整挤出实体的位置,并在顶视图中画一条斜线,如下图所示。

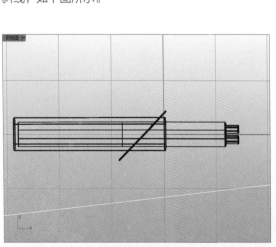

步骤14 将斜线挤出曲面,随后调用"布尔运算分割"命令,利用挤出曲面将挤出实体分割成两个部分,如下图所示。

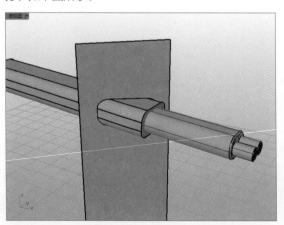

步骤15 删除多余的物件,对余下的物件做布尔并集运算,如下图所示。

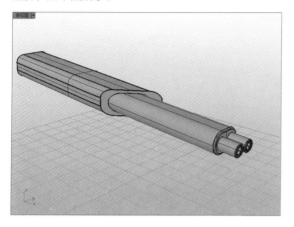

步骤16 为布尔并集运算后的枪身边缘倒角,如下图所示。

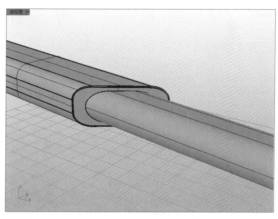

步骤17 将全部隐藏的物件显示出来,如下图所示。

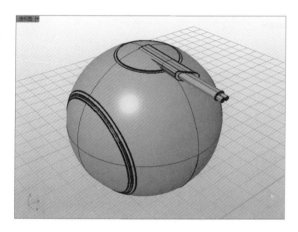

步骤18 调整枪身的位置并沿X轴镜像一份,如下图所示。

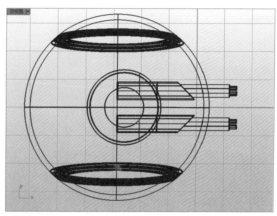

步骤19 以相同的方法制作驾驶舱底部的机枪,先画一条直线,如下图所示。

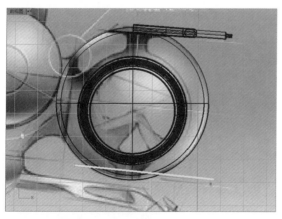

步骤20 将直线挤出曲面,如下图所示。

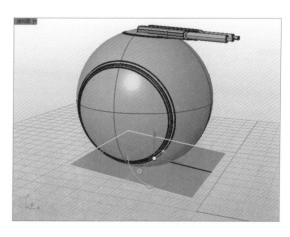

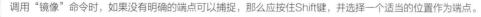

专家技巧:镜像操作的注意事项

调用"镜像"命令时,如果没有明确的端点可以捕捉,那么应按住Shift键,并选择一个适当的位置作为端点。

步骤21 对曲面与舱身做布尔分割，删除多余的物件，如下图所示。

步骤22 为每个部分的边缘倒圆角，如下图所示。

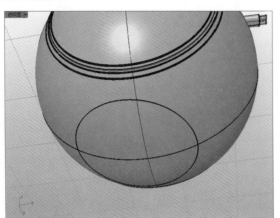

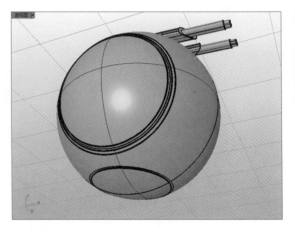

步骤23 将枪身复制一份，并调整到驾驶舱底部，如下图所示。

步骤24 复制枪身尾部的边缘并沿中点画一条曲线，如下图所示。

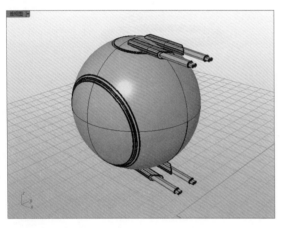

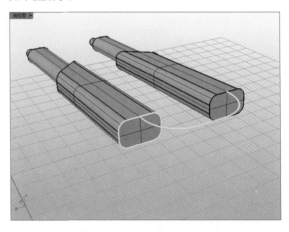

步骤25 调用"单轨扫掠"命令，利用上一步中的曲线创建曲面，如下图所示。

步骤26 将上一步中的曲面复制一份，调整到驾驶舱底部适当位置，如下图所示。这样便完成了机枪的制作。

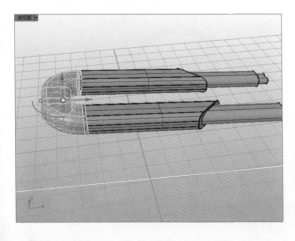

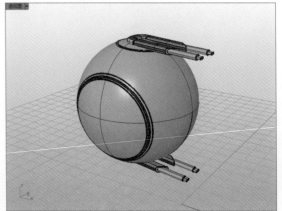

10.2.3 导航器的制作

下面将对导航器的制作过程进行介绍。

步骤01 只显示驾驶舱顶部的机枪基座，单击▣按钮，调用"设定工作平面至物件"命令，单击如下图所示的平面。

步骤02 在新的工作平面上创建一个平顶锥体，如下图所示。

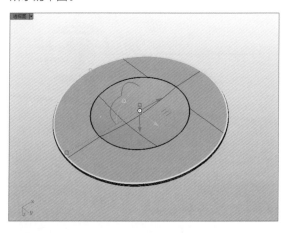

步骤03 单击▣按钮，调用"上一个工作平面"命令，将工作平面还原为系统默认的模式，如下图所示。

步骤04 为平顶锥体边缘倒角，如下图所示。这样便完成了导航器的制作。

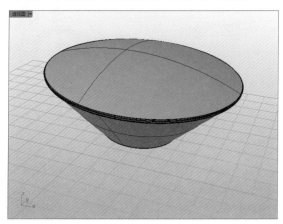

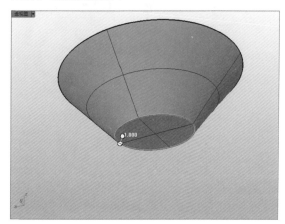

10.3 机身的制作

完成驾驶舱的绘制之后，接着来制作机身部分，机身部分包括机身主体、平衡杆和机尾3个部件。

10.3.1 机身主体的制作

绘制机身时，由于没有具体的三视图，因此需要绘制两个球体作为参考，接着在顶视图中调整其位置，为后续的建模作参考。下面将对机身主体的制作进行详细介绍。

步骤01 在前视图中画一条与平衡杆平行的轴线，如下图所示。

步骤02 在前视图中画一个球体，在顶视图中调整到适当位置并镜像一份，然后用直线连接两球体的端点，如下图所示。

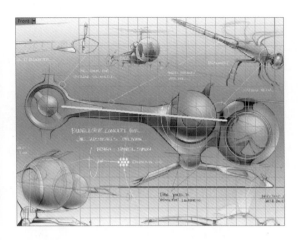

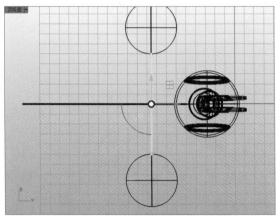

步骤03 在前视图中画两条直线使它们相交于一点，如下图所示。

步骤04 利用交点画出一根竖直线，长度等于机身主体的高度，如下图所示。

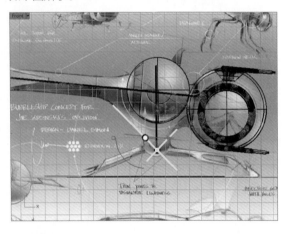

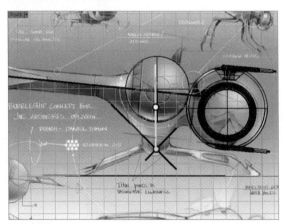

步骤05 开启捕捉端点，利用"多重直线"命令画一个菱形，如下图所示。

步骤06 这时发现菱形的四条边不在同一个平面上，调用"设定XYZ坐标"命令将其调整到同一平面内，如下图所示。

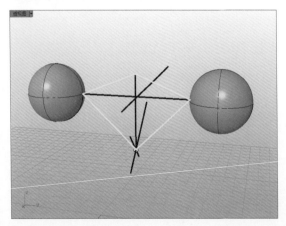

步骤07 为菱形四条边的交会处分别倒角，如下图所示。

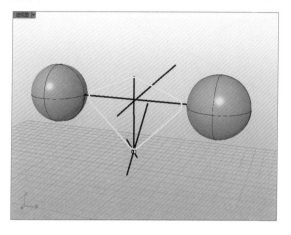

步骤08 在前视图中画两条直线，如下图所示。

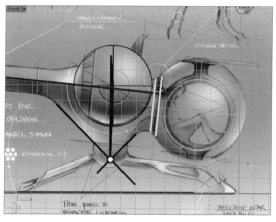

步骤09 分别捕捉两直线的端点画圆，如下图所示。

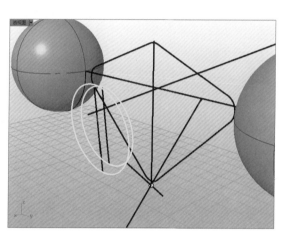

步骤10 将倒过角的菱形复制3份，在前视图中调整位置并分别缩放到合适的大小，如下图所示。

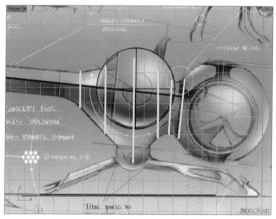

步骤11 删除多余的曲线，如下图所示。

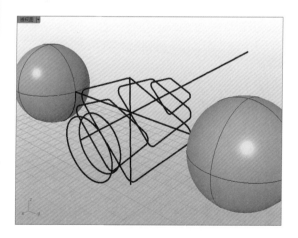

步骤12 调用"放样"命令，依次选取如下图所示的截面线。在选取时，一定要按前后顺序依次选择。

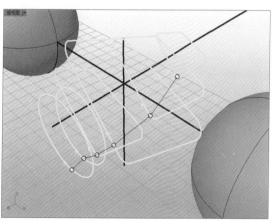

步骤13 调整第4个截面线上的起始点的位置，如下图所示。

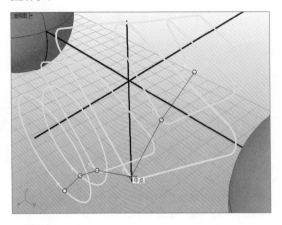

步骤14 调整第5个截面线上的起始点的位置，如下图所示。

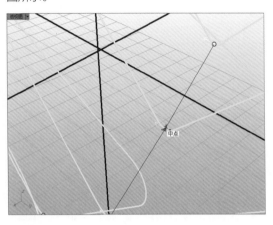

步骤15 按回车键，弹出如下图所示的对话框，从中进行相应的设置。

步骤16 设置完成后单击"确定"按钮，完成放样曲面的创建，效果如下图所示。

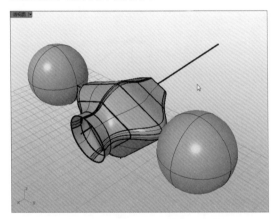

10.3.2 平衡杆的制作

下面将对平衡杆的制作进行详细介绍。

步骤01 在前视图中画两条直线，如下图所示。

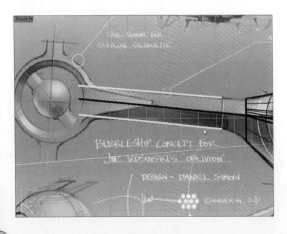

步骤02 将上一步中的直线复制一份，调整到适当位置，并镜像一份，如下图所示。

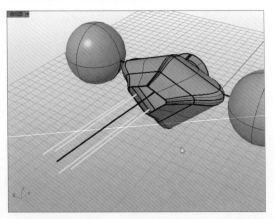

步骤03 开启捕捉端点，使用"多重曲线"命令画一个菱形，如下图所示。

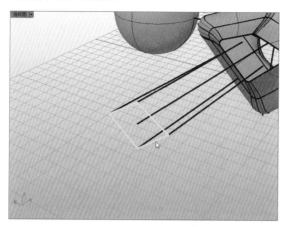

步骤04 为菱形倒角并复制一份，移动到适当位置，如下图所示。

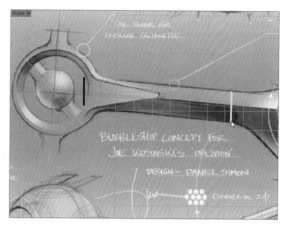

步骤05 开启捕捉中点，画一条直线将两个菱形连接，如下图所示。

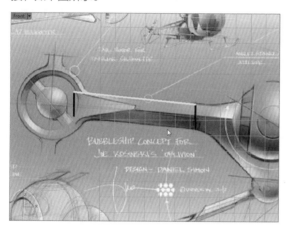

步骤06 调用"单轨扫描"命令，创建如下图所示的曲面。

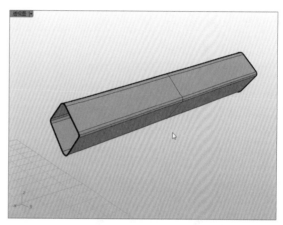

步骤07 调用"混接曲面"命令，选取平衡杆和机身主体的尾端，按回车键，弹出"调整曲面混接"对话框，如下图所示。

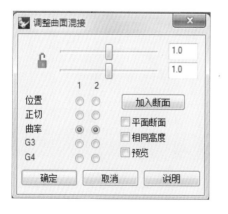

步骤08 在"调整曲面混接"对话框中进行相应的设置，最后单击"确定"按钮，完成混接曲面的创建，如下图所示。至此，完成平衡杆的制作。

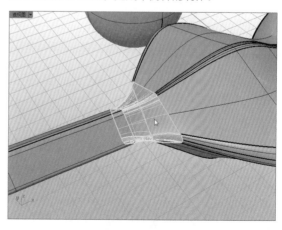

10.3.3 机尾的制作

下面将对机尾的设计进行详细介绍。

步骤01 在前视图中创建环状体并画一个圆，如下图所示。

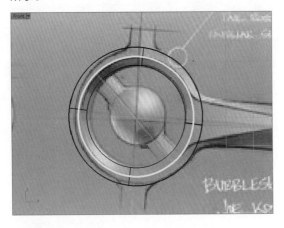

步骤03 在前视图中画一个圆，如下图所示。

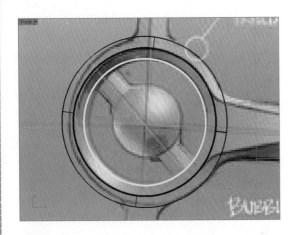

步骤05 调用"放样"命令，利用上一步的两个圆生成环形曲面，如下图所示。

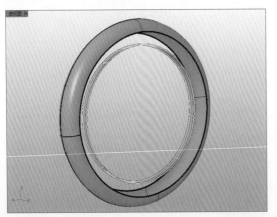

步骤02 调用"修剪"命令，用上一步的圆减掉环状体上多余的曲面，如下图所示。

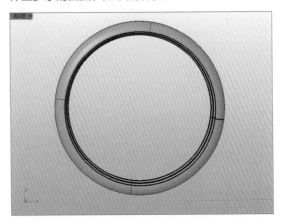

步骤04 将上一步的圆复制一份，在顶视图中移动适当的距离并镜像一份，如下图所示。

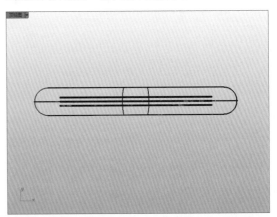

步骤06 复制环状体曲面的两个边缘，并组合复制的曲线，如下图所示。

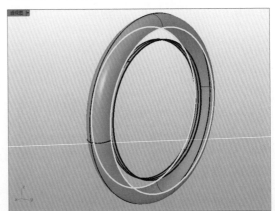

步骤07 利用"放样"命令创建曲面，并将所有曲面组合，如下图所示。

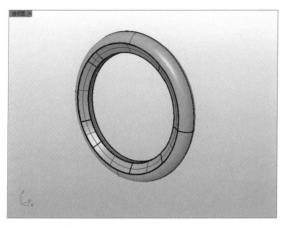

步骤08 开启捕捉四分点，画一条直线，如下图所示。

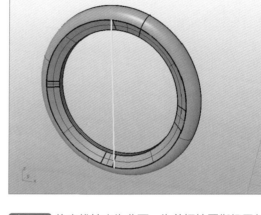

步骤09 调用"移动"命令，选择直线的中点，将直线移动到圆的四分点处，如下图所示。

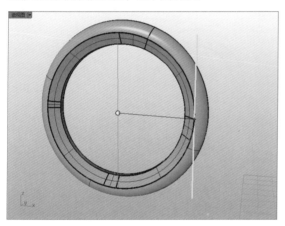

步骤10 将直线挤出为曲面，为剪切掉平衡杆尾部多余曲面做准备，如下图所示。

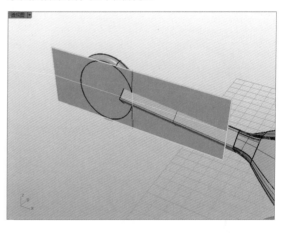

步骤11 在前视图中创建一个点作为参考点，如下图所示。

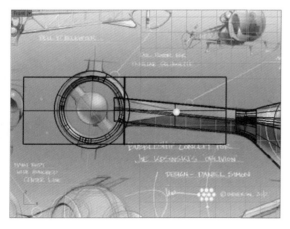

步骤12 调用"2D旋转"命令，将步骤10中的挤出曲面旋转到合适位置，如下图所示。

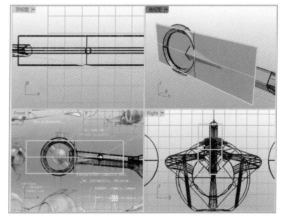

步骤13 将旋转好的曲面镜像一份，如下图所示。

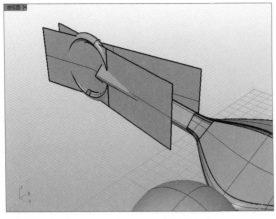

步骤14 调用"交集"命令，计算出两个曲面与平衡杆的相交线，并将其组合，如下图所示。

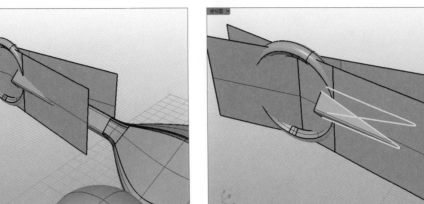

步骤15 利用"分割"命令，减掉挤出曲面和平衡杆尾部多余的曲面，如下图所示。

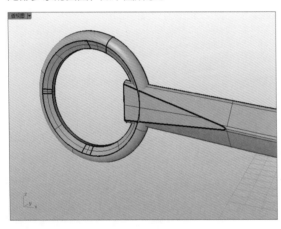

步骤16 将平衡杆和新生成的曲面组合，如下图所示。

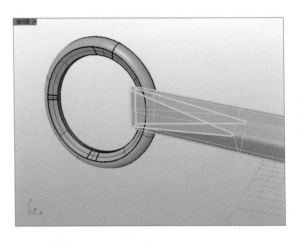

步骤17 复制机尾管状体的边缘线并进行组合，如下图所示。

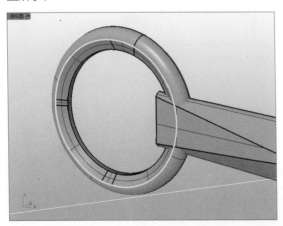

步骤18 调用"修剪"命令，用上一步复制的圆形曲线，将平衡杆尾部的多余曲面修剪掉，如下图所示。

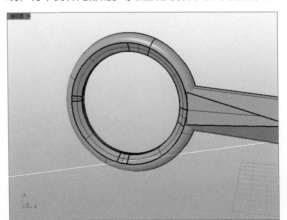

步骤19 调用"椭圆体：从中心点"命令，创建一个
椭圆体，如右图所示。

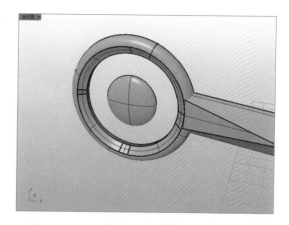

步骤20 创建一个长方体，调整到机尾的适当位置，
如右图所示。这样便完成了机尾的创建。

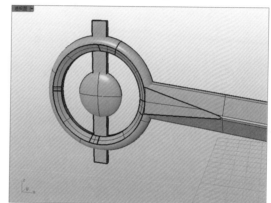

> **专家技巧：混接曲面的操作**
>
> 在混接曲面时，若要对混接曲面的形状进行微调，则应先
> 将"调整曲面混接"对话框中控制滑杆前端的小锁解锁。
> 若发现混接曲面有较大的扭曲，则应单击"加入断面"按
> 钮，使混接曲面变得更加平滑。

10.4 引擎的制作

本节将详细介绍引擎的制作过程，引擎装置主要包括推进器和风向杆两大部分。

10.4.1 推进器的制作

推进器的具体制作过程介绍如下。

步骤01 在前视图的适当位置创建一个圆角矩形，如
下图所示。

步骤02 在顶视图中调用"直线挤出"命令，在命令
行中设置"两侧"和"实体"选项为"是"，挤出如
下图所示的实体作为机翼。

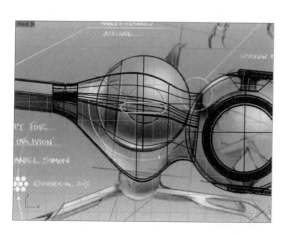

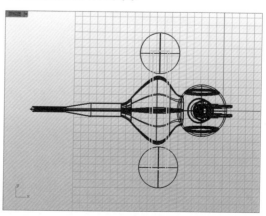

步骤03 在透视图中适当调整挤出物件的上下位置，如下图所示。

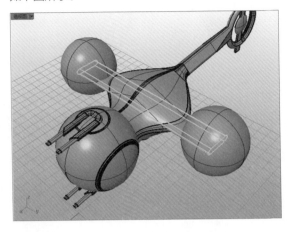

步骤04 将机翼左侧的球体单独显示，开启捕捉中心点，并在右视图中画一个六边形，如下图所示。

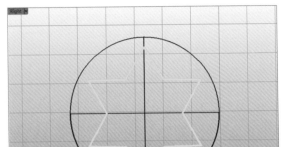

步骤05 调用"投影曲线"命令，将六边形投影到球体上，然后删除球体背部的曲线，只保留前面的曲线，如下图所示。

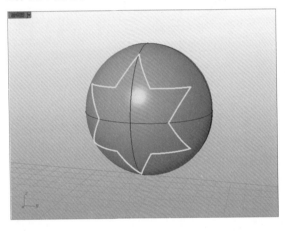

步骤06 调用"修剪"命令，减掉多余曲面，然后创建一个球体，调整到适当的位置，如下图所示。

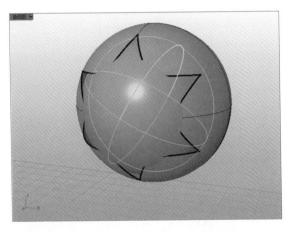

步骤07 调用"偏移曲面"命令，将上一步被修剪的球体曲面偏移成一个适当厚度的实体，如下图所示。

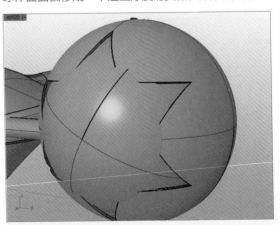

步骤08 在前视图中画两条直线，如下图所示。

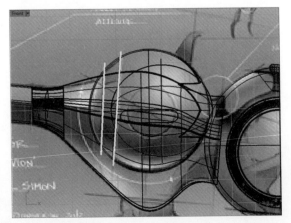

步骤09 将上一步所画的直线挤出两个曲面，如下图所示。

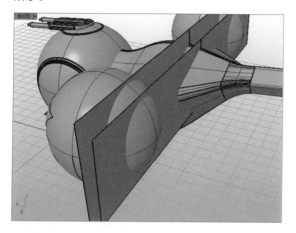

步骤10 调用"布尔运算分割"命令，利用挤出曲面将球体分割，如下图所示。

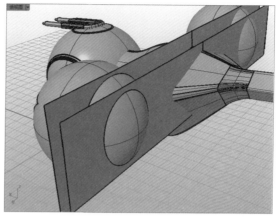

步骤11 将挤出曲面分别向前偏移适当的距离，如下图所示。

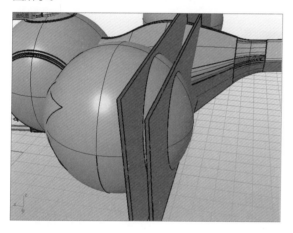

步骤12 利用偏移后的曲面再次布尔分割球体物件，如下图所示。

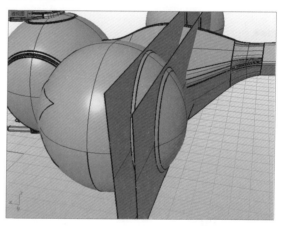

步骤13 删除挤出曲面和偏移曲面，逐一为对被分割球体的每个部件的边缘倒圆角，如下图所示。

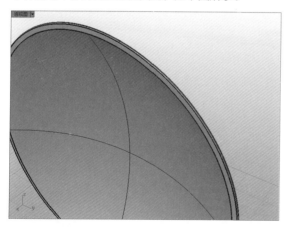

步骤14 经过多次倒角后，可以利用着色模式查看其光影关系。完成倒圆角的效果如下图所示。

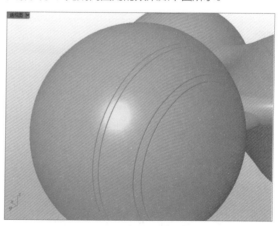

步骤15 单独显示被分割球体的最后一个部件，如下图所示。

步骤16 创建一个圆柱体，调整到适当位置，执行环形阵列，共阵列3次，每次阵列12个，阵列后的效果如下图所示。

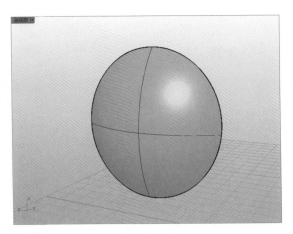

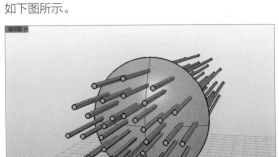

步骤17 对阵列好的圆柱体与弧面体做布尔差集运算，如下图所示。这样便完成了推进器喷火装置的创建。

步骤18 将推进器的所有部件显示出来，如下图所示。

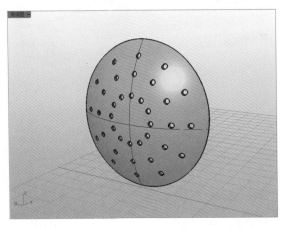

步骤19 在右视图中画一个适当大小的圆，效果如下图所示。

步骤20 调用"直线挤出"命令，在命令行中选择"两侧"方式，将圆挤出为曲面，如下图所示。

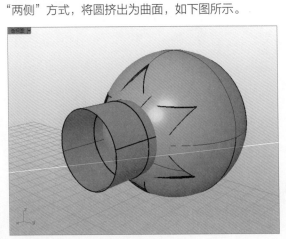

步骤21 调用"布尔运算分割"命令,利用上一步挤出的曲面分割球体,如下图所示。

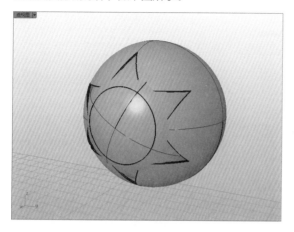

步骤22 单独显示体积较小的弧形曲面,为其倒角,如下图所示。

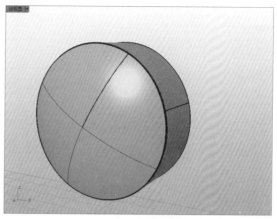

步骤23 单独显示体积较大的球体曲面,为其倒角,如下图所示。

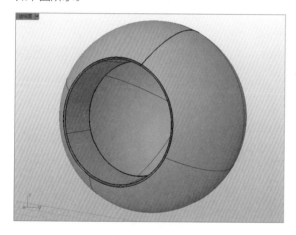

步骤24 显示所有物件,创建好的推进器效果如下图所示。

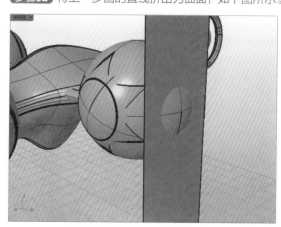

10.4.2　风向杆的制作

　　下面将对风向杆的制作过程进行详细介绍。

步骤01 在顶视图适当位置画一条直线,如下图所示。

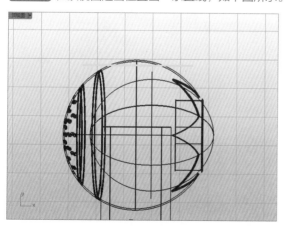

步骤02 将上一步画的直线挤出为曲面,如下图所示。

步骤03 调用"布尔运算分割"命令，利用挤出曲面把推进器分割为两部分，并分别为两个部分倒圆角，如下图所示。

步骤04 创建一个圆柱体，并调整到合适的位置，如下图所示。

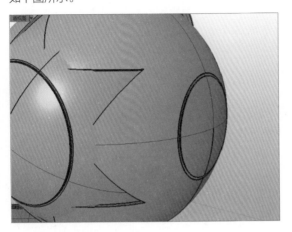

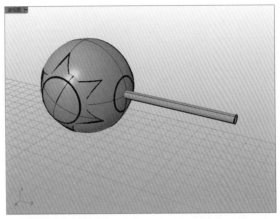

步骤05 在顶视图中画一个矩形，并倒一个较大的切角，如下图所示。

步骤06 将切角矩形挤出一定的厚度，然后对圆柱体、挤出物件、弧面体三者做布尔并集运算，如下图所示。

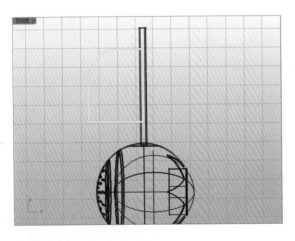

步骤07 为圆柱体与弧面体相交的边缘线倒圆角，如下图所示。

步骤08 这样便完成了整个引擎的制作，效果如下图所示。

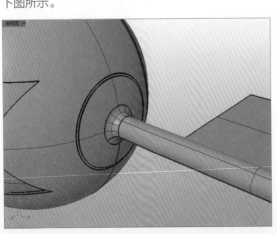

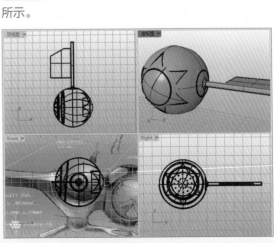

10.5 支架的制作

飞行器支架的设计也是至关重要的,下面将对其设计过程进行详细介绍。

10.5.1 前支架的制作

飞行器前支架的制作过程具体介绍如下。

步骤01 在前视图中创建一个球体,如下图所示。

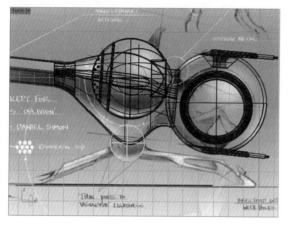

步骤02 在前视图中画一条直线,如下图所示。

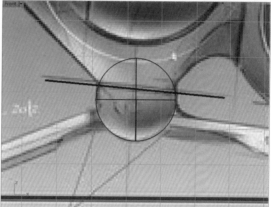

步骤03 将上一步所画的直线挤出为曲面,调用"布尔运算分割"命令,利用挤出曲面将球体分割为两部分,如右图所示。

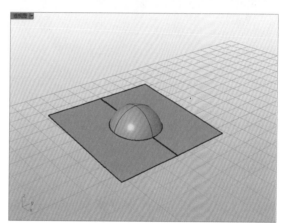

步骤04 为被分割的球体的两个部分的边缘倒圆角,如右图所示。

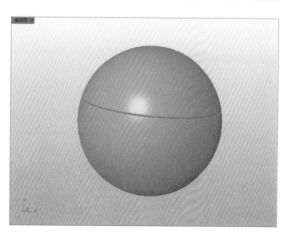

步骤05 调用"控制点曲线"命令，沿着前支架轮廓画出如下图所示的曲线。

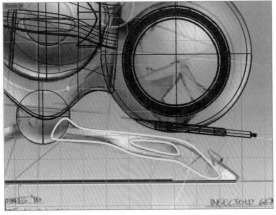

步骤06 调用"2D旋转"命令，将创建好的曲线旋转合适的角度，如下图所示。

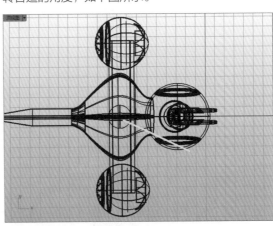

步骤07 在前视图中打开控制点，重新调整曲线的长度，如下图所示。

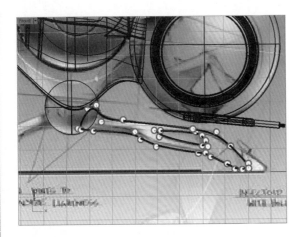

步骤08 在顶视图中将调整好长度的曲线重新旋转回水平位置，发现曲线不在同一水平线上，如下图所示。

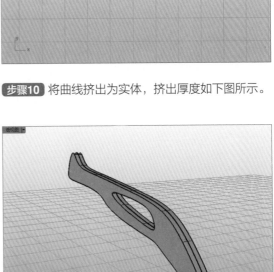

步骤09 调用"设定XYZ轴坐标"命令，将曲线上所有控制点调整到同一水平线上，如下图所示。

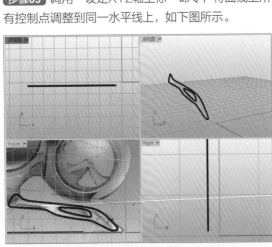

步骤10 将曲线挤出为实体，挤出厚度如下图所示。

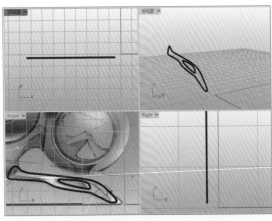

步骤11 隐藏曲线，在顶视图中将挤出物件旋转到合适的角度，如下图所示。

步骤12 将挤出物件沿X轴镜像一份，如下图所示。

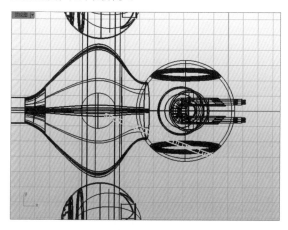

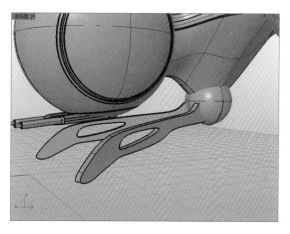

步骤13 在前视图中画出前支架底座的轮廓线，如下图所示。

步骤14 将上一步的轮廓线挤出为实体，挤出方式为"两侧"，挤出厚度如下图所示。

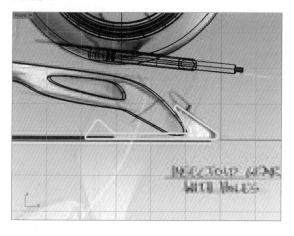

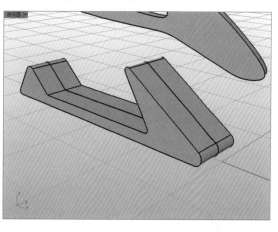

步骤15 返回到前视图，画一个三角形，如下图所示。

步骤16 将上一步所画的三角形挤出为实体，挤出厚度如下图所示。

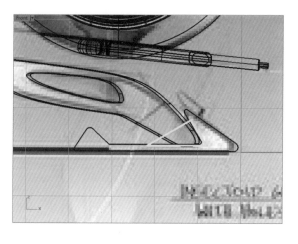

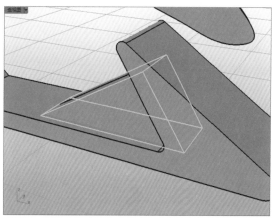

步骤17 将前支架的各个部分倒角，并做布尔并集运算，如下图所示。

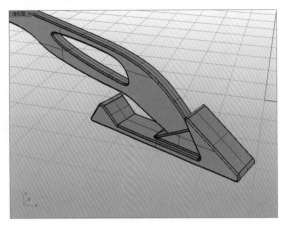

步骤18 将创建好的前支架沿机体中心位置进行镜像。这样便完成了前支架的创建，效果如下图所示。

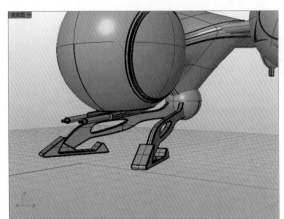

10.5.2 后支架的制作

下面将对后支架的制作过程进行详细介绍。

步骤01 在前视图中画出如下图所示的后支架轮廓线。

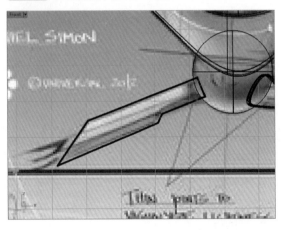

步骤02 将轮廓线挤出为实体，挤出厚度如下图所示。

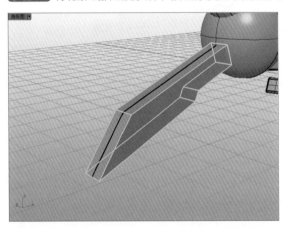

步骤03 为挤出物件倒角，倒角大小如下图所示。

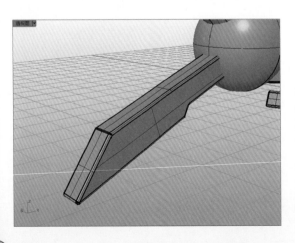

步骤04 返回前视图，画出后支架底座的轮廓线，如下图所示。

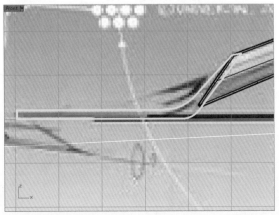

步骤05 将上一步的轮廓线挤出为实体，挤出厚度如下图所示。

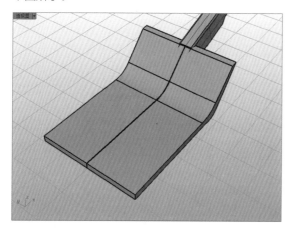

步骤06 在顶视图中画出如下图所示的三条多重直线。

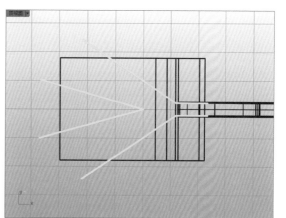

步骤07 将上一步的多重直线挤出为曲面，挤出高度如下图所示。

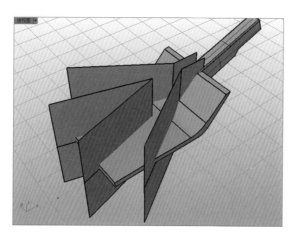

步骤08 调用"布尔运算分割"命令，利用上一步的挤出曲面将底座分割为四部分，将多余的物件删除，如下图所示。

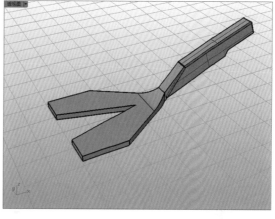

步骤09 对后支架底座的边缘适当倒圆角，效果如下图所示。

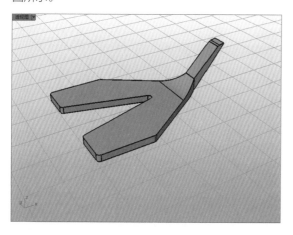

步骤10 显示全部物件，如下图所示。至此，完成飞行器模型的制作。

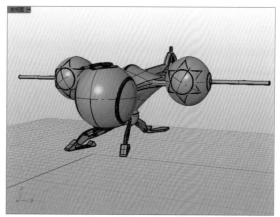

10.6 飞行器的渲染

本节将对创建好的飞行器模型进行渲染操作。

10.6.1 渲染前的准备工作

下面将对渲染前的准备工作进行介绍。

步骤01 调用编辑图层命令，新建图层并重命名，改变图层的颜色，如右图所示。

步骤02 将机舱舱身的图层调整为boli，如下图所示。

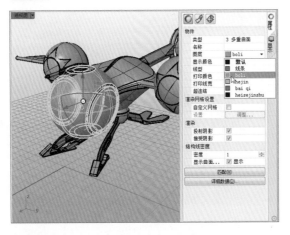

步骤03 将机身的图层调整为bai qi，如下图所示。

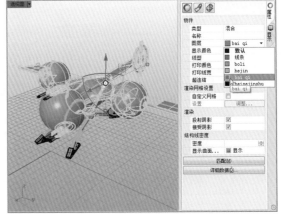

步骤04 将支架和舱门连接部件的图层调整为hejin，如下图所示。

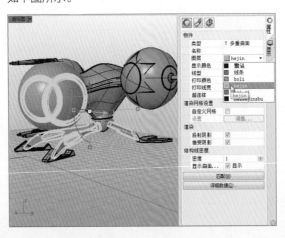

步骤05 将机枪枪筒、支架底座的图层调整为heise-jinshu，如下图所示。

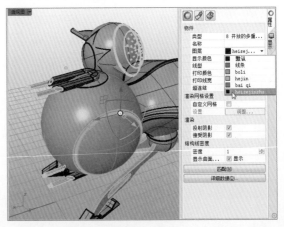

10.6.2 将Rhino文件导入KeyShot

下面将把飞行器模型导入至KeyShot渲染器中。

步骤01 打开KeyShot文件，如下图所示。

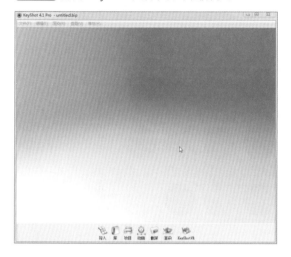

步骤02 单击"导入"命令，在对话框中找到飞行器的源文件，单击"打开"按钮，如下图所示。

步骤03 在随后打开的对话框中单击"导入"按钮，即可导入模型，如右图所示。

步骤04 导入完成的模型如右图所示。

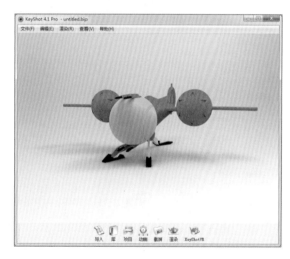

10.6.3 为模型赋予材质

接下来介绍如何为模型赋予材质。

步骤01 打开"KeyShot库"面板，在"材质"选项卡中选择"玻璃>清澈"材质，将合适的材质球拖到相应的部件上，如下图所示。

步骤02 在"材质"选项卡中选择"艾仕得涂料>OEM汽车流行颜色"材质，将合适的材质球拖到相应的部件上，如下图所示。

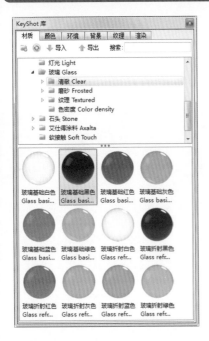

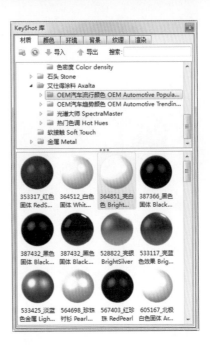

步骤03 在"材质"选项卡中选择"金属>钢铁"材质,将合适的材质球拖到相应的部件上,如下图所示。

步骤04 在"材质"选项卡中选择"金属>阳极电镀"材质,将橡胶材质球拖到相应的部件上,如下图所示。

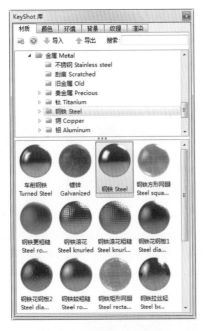

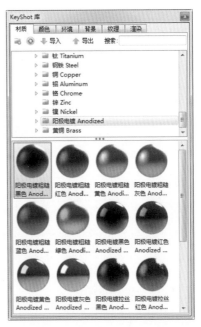

10.6.4　设置渲染环境

下面将对渲染环境的设置操作进行介绍。

步骤01 在"KeyShot库"面板的"环境"选项卡中将合适的灯光环境拖入场景中,如下图所示。

步骤02 打开"项目"面板,在"环境"选项卡中调节灯光的旋转角度,把"背景"设置为"色彩",颜色设为白色,如下图所示。

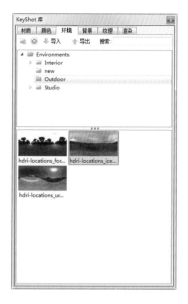

10.6.5 渲染设置及出图

下面将对渲染设置及出图操作进行介绍。

步骤01 单击"渲染"命令,弹出"渲染选项"对话框,在"输出"选项面板中选择要渲染图片的保存位置、格式和分辨率,如下图所示。

步骤02 在"质量"选项面板中调节采样值和阴影品质,如下图所示。

步骤03 设置完成后,单击"渲染"按钮,随后即可看到漂亮的效果图,如右图所示。

附录 课后练习参考答案

Chapter 01
1.选择题
（1）A　（2）A　（3）A　（4）AC
2.填空题
（1）锁定格点
（2）随位
（3）辅助建模
（4）G0/G1/G2

Chapter 02
1.选择题
（1）A　（2）A　（3）A　（4）A
2.填空题
（1）单轴缩放　二轴缩放　三轴缩放　非等比缩放
（2）直线　曲线
（3）倒圆角　倒斜角

Chapter 03
1.选择题
（1）D　（2）C　（3）B　（4）B
2.填空题
（1）物件锁点
（2）垂直
（3）切线
（4）控制点　内插点
（5）打开点

Chapter 04
1.选择题
（1）B　（2）A　（3）B
2.填空题
（1）二、三或四个边缘曲线
（2）在同一平面内
（3）方向
（4）3条

Chapter 05
1.选择题
（1）A　（2）B　（3）A　（4）C
2.填空题
（1）交集
（2）未修剪的
（3）重建曲面
（4）连续性

Chapter 06
1.选择题
（1）B　（2）C　（3）B　（4）B
2.填空题
（1）2D文字
（2）注解点
（3）尺寸标注
（4）dwg

Chapter 07
1.选择题
（1）B　（2）A　（3）D　（4）A
2.填空题
（1）立方体　球体　平顶锥体
（2）两点(P)　三点(O)　相切(T)　环绕曲线(A)　四(I)　配合点(F)
（3）并集　差集　交集
（4）曲面　曲面

Chapter 08
1.选择题
（1）C　（2）D　（3）B
2.填空题
（1）分层
（2）标题栏　菜单栏　工作区　命令行
（3）材质　环境